感谢玛丽·格林伍德和约翰·霍尔特的编辑协助，

桑尼·弗林、维多利亚·帕拉斯坦加、雷切尔·帕菲特和布兰迪·塔利-斯科特的设计协助，

波莉·古德曼的校对工作，海伦·彼得斯的整理工作，

丹尼尔·朗的特写插图，安吉拉·里扎的图案和封面插图。

DK

奇幻静谧的真菌界

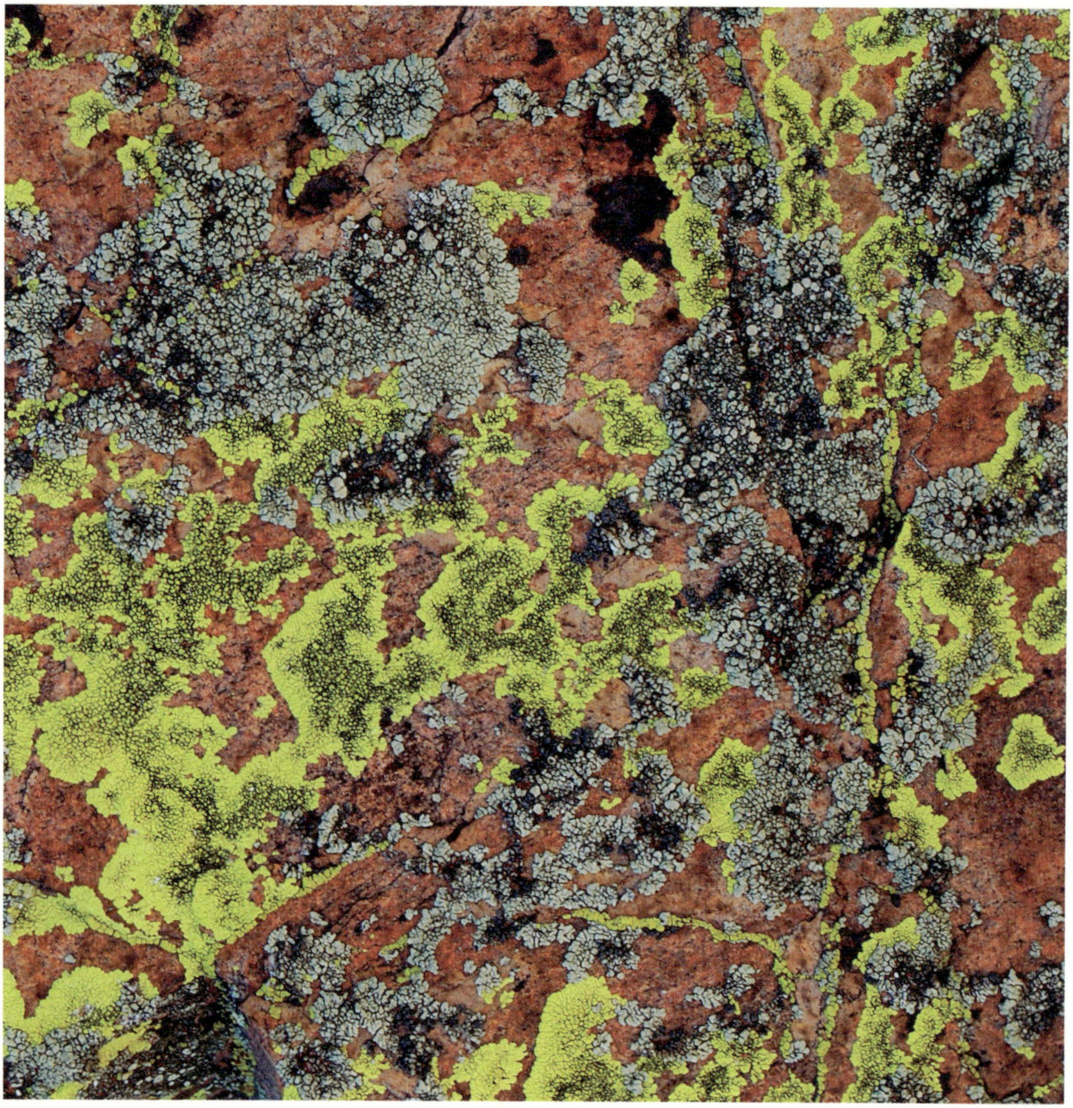

注意: 本书是对神奇真菌世界的介绍，仅作一般资料用途。本书并非**菌菇采摘指南**，没有专业人士一一鉴别时，出版方明确反对采摘菌菇。书中未具体区分有毒或可食用真菌，接触真菌可能会引发过敏或导致中毒，故建议发现任何真菌时，都谨记“**只看不摸**”原则。因接触或食用真菌而导致的伤害、损失或死亡，**本书作者及出版方概不负责**。

奇幻静谧的
真菌界

[英] 阿里 · 阿什比 [英] 林恩 · 博迪 著
[英] 安吉拉 · 里扎 [英] 丹尼尔 · 朗 绘 吴华 译

中信出版集团 | 北京

目录

毛缘毛杯菌（Cookei tricholoma）属于子囊

安络裸柄伞（Gymnopus androsaceus）属于担子菌

欢迎来到真菌界

真菌不是植物，不是细菌，不是病毒，也不是动物。不过与植物相比，它们与动物的关系更密切。真菌自成一“界”，至少有 500 万种，但目前仅有约 15 万种拥有命名。基于 DNA 及外部特征，真菌可分为许多不同的类群。

布拉克须霉（*Phycomyces blakesleeanus*）属于毛霉门真菌，能够分解动物的粪便

真菌的命名

植物、动物、真菌各有其拉丁学名，它们大多来自拉丁语和希腊语，以斜体书写。拉丁学名由两部分组成，比如 *Boletus edulis*（汉语学名是“美味牛肝菌”），透露出子实体的形状、颜色或其他特征。在不同国家和地区，许多真菌都有自己的称法。

真菌的类群

本书中列出的大部分真菌分属两大类群：担子菌和子囊菌。高等真菌产生孢子的结构叫作子实体。在其生命周期的某个阶段，这两类真菌的子实体通常较大，能够用肉眼看到。其他真菌类群有成员个头儿很小，必须借助显微镜才能观测。

在英国，美味牛肝菌（*Boletus edulis*）的俗称是“penny bun”，因为它有光泽的棕色菌盖，很像旧时售价一便士的小面包

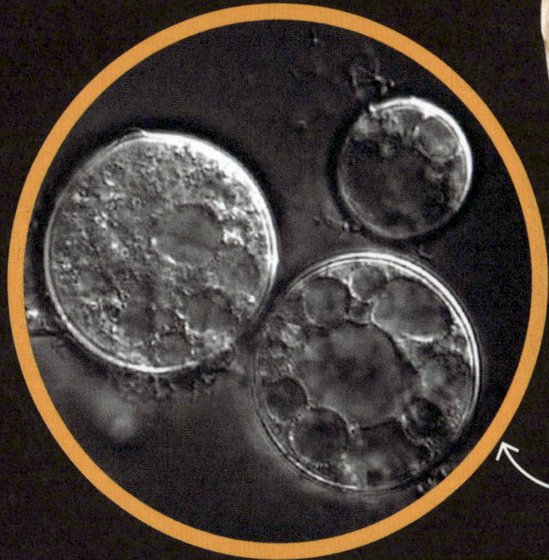

这是显微镜下的蛙壶菌（*Batrachochytrium dendrobatidis*），它属于壶菌门真菌，可造成两栖动物死亡甚至种群衰退、灭绝

子实体

真菌的子实体可有不同的大小、形状、质地和颜色。有些只能在显微镜下一睹真颜，有些则可超过 1 米宽！根据子实体形状及孢子产生的部位（在菌管内、菌褶上、菌刺上或其他位置），可以对真菌进一步分类。

伞状

子实体的形状像伞，但这种形状并不代表一定安全可食用。菌柄支撑菌盖，菌盖下有菌褶、菌管或菌刺。孢子产生于菌褶上、菌刺上或菌管中。

绿湿果伞（*Gliophorus viridis*）

檐状

这类木腐真菌的子实体生长在树干、树枝、折断的枝杈或树桩上，看起来像层叠的架子。它们有的个头儿很大，如榆硬孔菌就能长到 1 米宽。

榆硬孔菌（*Rigidoporus ulmarius*）

在真菌界，蓝色是稀少的颜色

蓝色特蓝伏革菌（*Terana coerulea*）

壳状

这类担子菌扁平的子实体生长在木材底侧，有些是光滑的，有些则有菌刺或疣状突起。

红星头鬼笔（*Aseroe rubra*）

笔状

子实体在幼时呈白色卵状，通常生长于地下，萌出地面后呈笔状。孢子产生于子实体上的黏液中，黏液腐臭，能够吸引苍蝇来帮忙散布孢子。

佐林格珊瑚菌（*Clavaria zollingeri*）

珊瑚状

珊瑚菌的孢子产生于子实体表面。佐林格珊瑚菌上部珊瑚状的成丛分枝表面就是产生孢子的部位。

盘状、马鞍状、耳状和手指状

子囊菌的子实体可以是盘状、马鞍状、耳状和手指状。它们的孢子产生于柔软的杯状、盘状或马鞍状子实体表面的子囊，或产生于坚硬的手指状、球状子实体外层的子囊。因其孢子常常会被有力地射出子实体，这些种类的真菌因而得名“孢子射手”。

孢子产生于内表面的子囊

驴耳状侧盘菌（*Otidea onotica*）

“手指”表面微小的瓶状结构内就是孢子产生的部位

多形炭角菌（*Xylaria polymorpha*，英文俗称“僵尸手指”）

扇状

这类担子菌拥有漂亮的扇形子实体。它们的孢子产生于颜色浅淡的“扇子”下侧。

扇形的子实体

疣革菌（*Thelephora terrestris*）

胶质状

这类担子菌有着胶质子实体。子实体常会变得干硬，雨后又恢复胶状。它们可能是光滑的，也可能有菌刺或疣状突起。

桂花耳（*Guepinia helvelloides*）

球状和洋葱状

孢子在这些球状或洋葱状的子实体内形成。当小树枝或雨滴落在马勃上面时，孢子就会从其顶部的小孔里冒出。地星则会裂开外包被，让孢子四散传播。

龟裂静灰球菌（*Bovistella utriformis*）

硬皮地星（*Astraeus hygrometricus*）

分解者

真菌的丝状结构称作菌丝。菌丝释放的酶能够将死去植物的残枝败叶和其他物质分解为更小的分子，成为真菌可吸收的营养。真菌是地球上的回收高手，而且它们向土壤中释放养分，使植物和其他微生物得以生长。

真菌生存百态

大部分植物能够自给自足，但真菌不行。许多真菌会将木头或树叶当作重要的营养来源。这些食物个头儿太大，无法整个儿享用，所以真菌会先释放一种特殊的化学物质——酶，将它们分解得更小。也有些真菌会从植物伙伴那里直接获取营养物质，这些营养物质本身以糖的形式存在，无须分解。

与植物根系共生

大多数植物的根部都有真菌存在。真菌深入土壤之中，从植物根系无法到达的地方汲取水和养分，以此交换植物中的糖。它们还常常分解落叶，使之腐烂，以获得额外的营养物质。

与动物共生

有些蚂蚁、白蚁、树蜂和甲虫会与真菌合作，为真菌送来食物，或将它们带到食物那儿去。作为回报，真菌软化、分解食物，以便动物消化。

虫草菌杀死昆虫，并从它们的身体中萌出子实体

寄生与杀手

有些真菌如寄生菌，生长在活的植物身上，直接从植物上获取养分。还有些真菌会杀死部分甚至整株植物或微小动物，以它们为营养来源。

这张示意图显示了地衣内部真菌菌丝是如何包裹绿藻细胞的

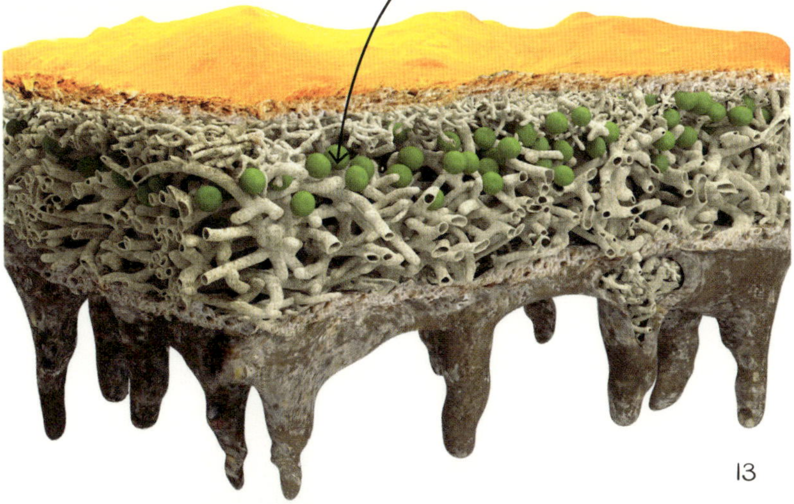

地衣

地衣是真菌与绿藻或蓝细菌结合形成的共生有机体。藻类和蓝细菌为地衣提供糖类。作为回报，真菌保护它的共生伙伴，并为它们提供水和养分。地衣看起来像植物或岩石上的硬壳。

草地和草甸

长满草的地方，如田地、路边、草坪，都有自己青睐的真菌。有的真菌可以在各种草地上生长，有的真菌则只能存在于某一种草地，比如有某种植物生长的草地，或有动物放牧的草地。子实体并非真菌存在于草下土中的唯一线索，蘑菇圈、枯草圈或裸露的土地，也可以证明真菌的存在。继续阅读，探索这些栖息地的真菌吧！

田野蘑菇

Agaricus campestris

田野蘑菇最初钻出地面时，看起来就像你在超市里见到的白蘑菇——它们是近亲。田野蘑菇的菌盖会越长越大，张开后露出片状的菌褶。它们通常分散在田野和草地上，有时也会形成蘑菇圈。田野蘑菇以死去的植物和土壤中的草根为养料。

黄斑蘑菇

Agaricus xanthodermus

如果黄斑蘑菇的菌柄或菌盖擦伤或撕裂了，它就会变成鲜艳的黄色，十分醒目。它是田野蘑菇的近亲，但是有毒。黄斑蘑菇拉丁学名中的 xanthodermus，由两个希腊词语组成，意思是“黄色的表皮”。

香杏丽蘑

Calocybe gambosa

在英国，这种好看、紧实的蘑菇通常在圣乔治日（4 月 23 日）前后出现，因而得名“圣乔治蘑菇”。在它的拉丁学名中，calocybe 的意思是“漂亮的脑袋”。这种蘑菇看起来有点儿像剧毒的丝盖伞，但丝盖伞菌盖上覆盖有纤维，菌褶的颜色也与它不同。

小档案

- 菌盖直径 5 ~ 15 厘米。
- 孢子印白色。
- 常见于春季到初夏。

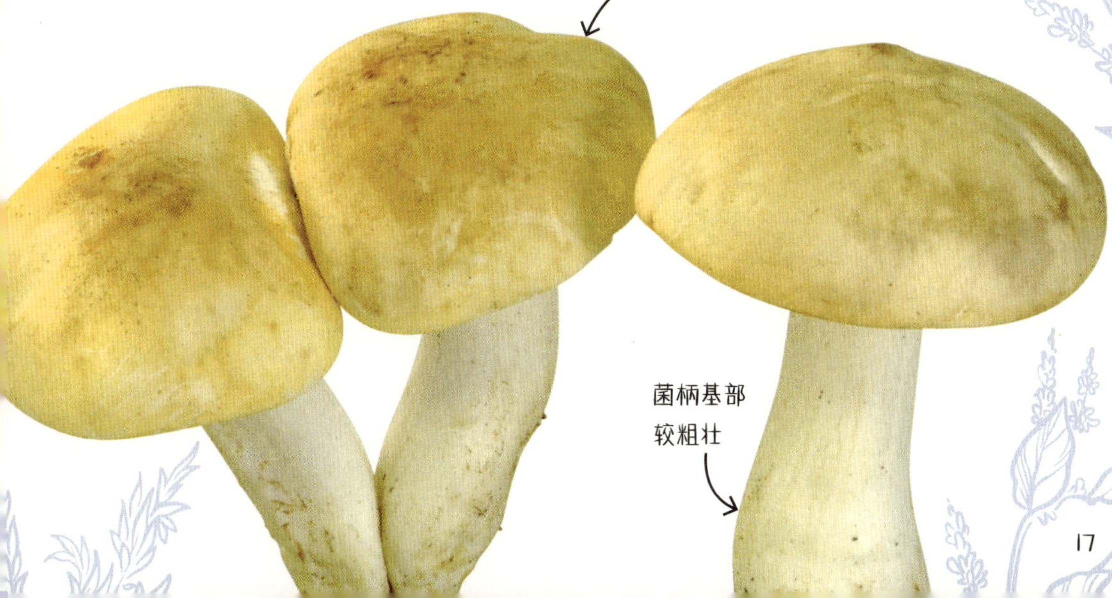

大秃马勃

Calvatia gigantea

这种大型真菌的子实体看起来很像瘪了气的大号足球。它们生长在草地边、林地边、草丛中，通常是一小丛一小丛的，有时也会围成一圈形成蘑菇圈，所以很容易被发现。在古代，人们会把它撕开外敷止血，就像创可贴似的。养蜂人点燃大秃马勃，扬起的烟雾能安抚飞回蜂箱的蜂群。

小档案

- 子实体直径可达 80 厘米。
- 孢子印黄褐色。
- 常见于夏秋两季。

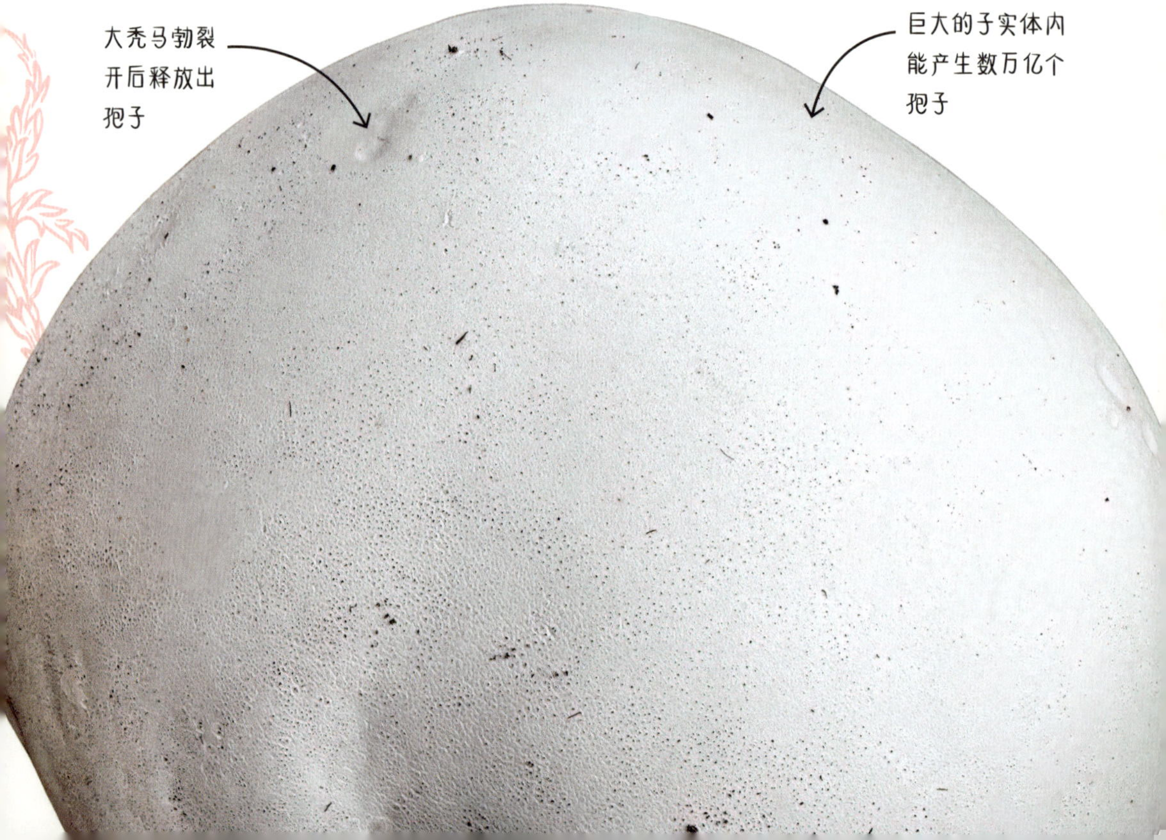

脆珊瑚菌

Clavaria fragilis

在天然的草坪和草甸上，能见到这种真菌纤巧的子实体。有时，它们的身影也会出现在林地边缘和空地上的落叶堆中。脆珊瑚菌又叫“豆芽菌”“虫形珊瑚菌”，以死去的植物为养料来源。它们常成丛生长，其拉丁学名的意思是“脆嫩的细杆”。

毛头鬼伞

Coprinus comatus

毛头鬼伞又叫“鸡腿菇”，这种蘑菇在西方也被戏称为“律师的假发”，因为它的菌盖很像英国律师出庭时戴的白色卷卷假发。但菌盖不会一直保持白色，最后会变成墨水般的黑色液体，真菌的孢子就藏在里面。这个过程从菌盖边缘开始，逐渐向上扩散，直到整个菌盖都化作地上的一摊浓黑汁液。

荫蔽地舌菌

Geoglossum umbratile

这种子囊菌看起来就像菌柄顶着一条黑色的舌头，所以也叫“黑地舌”。它通常生长于天然的草地、草坪中，不过要找到它的身影并不容易，因为草茎往往比它高。孢子会从每条“舌头”的光滑表面释放出来，把孢子放在显微镜下，能看到它是细长、类似香蕉的形状。

小档案

- “舌头”可达 10 厘米长。
- 孢子印深棕色。
- 从仲夏到初冬都可见。

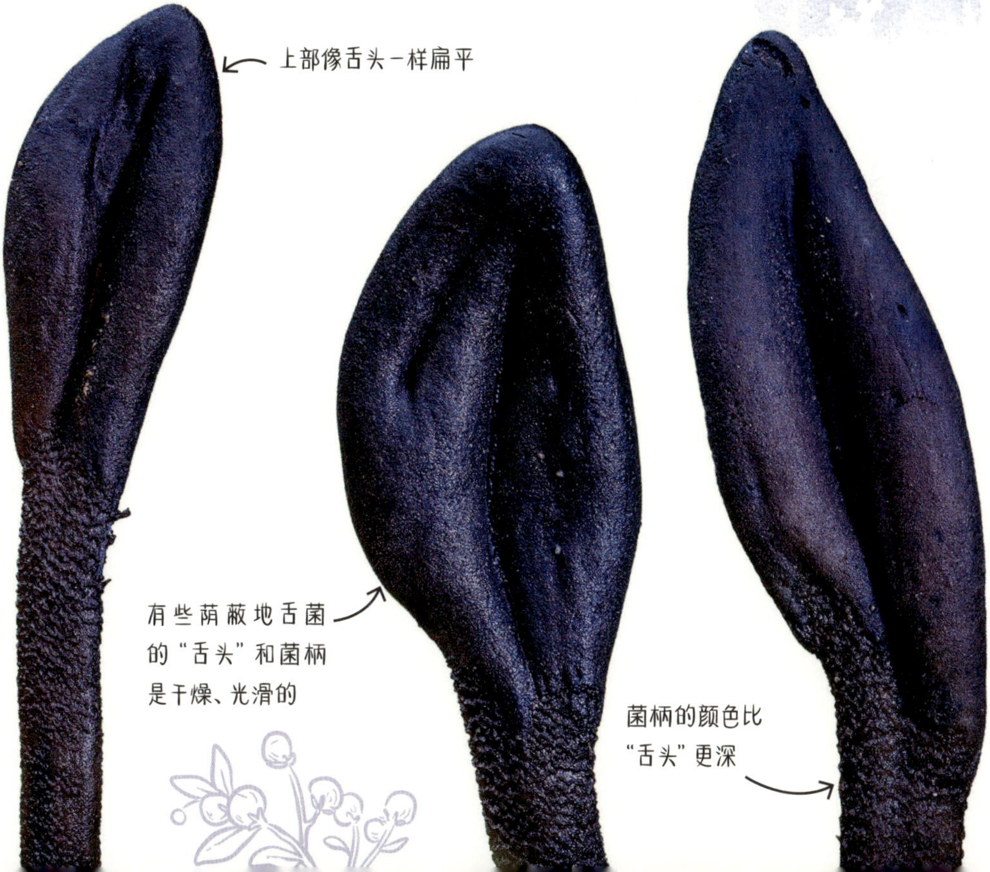

小档案

- 菌柄可达 6 厘米高。
- 孢子印白色。
- 从夏季到初冬都可见。

湿果伞

Gliophorus psittacinus

这种多彩的蘑菇幼时是草绿色的，但很快就会透出黄色、紫色、橙色、粉色，甚至蓝色！它们常一丛丛出现在天然的草地、苔藓覆盖的草坪、道路边缘和林间空地。其拉丁学名中 gliophorus 的意思是“涂有胶水”，因为它们的菌盖、菌柄和菌褶上都覆盖着胶水似的黏液。

硫黄湿伞

Hygrocybe chlorophana

这种柠檬黄色的蘑菇有着亮晶晶的菌盖，看起来像是蜡做的，因此它在英国称“黄金蜡伞”。其拉丁学名中 hygrocybe 的意思是“湿漉漉的头部”。这种蘑菇喜欢放牧牲畜的草场，但也会出现在墓地或其他天然草地。在北美洲，林地中也有它的身影。

变黑湿伞

Hygrocybe conica

这种小蘑菇通常成丛地生长在草地、墓地里和背阴的路边。它们初期是红色、橙色或黄色的，但会随着生长或被擦碰而全株变成黑色。湿漉漉的草地上，它们迎着阳光，闪闪发亮。它们能分解死去的草根，也能与苔藓出现在相似的环境中。

带盾香蘑

Lepista personata

这种真菌的子实体常会形成蘑菇圈，或密密匝匝地铺开一大片。带盾香蘑偏爱田野、树篱和白垩质土壤的草地。其拉丁学名中 lepista 的意思是“高脚杯”，因为它们成熟后就像个厚实的高脚杯。

小档案

- 也叫“田野香蘑”。
- 菌盖直径可达 15 厘米，菌柄可达 6 厘米高、2.5 厘米粗。
- 孢子印淡粉色或奶油色。
- 常见于秋季。

高大环柄菇

Macrolepiota procera

小档案

- 菌盖直径可达 25 厘米。
- 孢子印白色或淡奶油色。
- 常见于仲夏和秋季。

这种蘑菇高得惊人，就像一把维多利亚时期的阳伞，因此英语名为“阳伞蘑菇”。它们个头儿硕大，肉质肥厚，常见于林地边的草丛、长满草的悬崖和小路边缘，有时形成蘑菇圈。它们是腐生菌，能够分解死去的植物。

硬柄小皮伞

Marasmius oreades

除了子实体会围成蘑菇圈，这种真菌还能杀死草的根系，形成枯草圈。这种小蘑菇在夏天很容易被晒干，但一下雨就能恢复水灵，还能再次产生孢子！

蘑菇怎样生长？

我们常说的“蘑菇”，其实只是一类真菌的子实体，这类真菌属于担子菌。这些子实体虽然时不时地出现在我们的视野中，但在其生命的其他阶段，真菌的主体菌丝体却隐藏在它们栖身的各种物质里。菌丝体是由线状的菌丝构成的网络。菌丝极小，只有借助显微镜才能看到。但有时，菌丝缠结在一起，形成了较粗的菌索，就能轻松地看到。

生长阶段

子实体开始形成时，娇嫩的菌褶由一层叫菌幕的薄膜保护。比如鹅膏属真菌破土而出时，就有一层菌幕保护着整个子实体。

幼小子实体

被保护性的菌幕完全包裹

外菌幕破裂

菌柄伸长，外菌幕破裂

内菌幕破裂

菌盖展开，保护菌褶的内菌幕破裂

真菌孢子

真菌通过孢子传播繁殖。孢子非常非常小，一个小数点上就能放下大约 2500 个孢子。鉴于这种大小，孢子的颜色很难用肉眼分辨，但许多孢子一起落在物体表面上，就能显现出颜色来。这就是孢子印。

孢子的颜色有白色、黑色、黄色、粉色、褐色、锈色、姜黄色或紫色等。它们不一定与菌褶的颜色一致

落叶堆

我们在森林、草地间行走时，真菌无处不在，但它们的菌丝体通常隐藏在它们生长的各种物质中。真菌的子实体最为显眼，常常出现在秋季。有些真菌与植物的根系建立了共生关系。有些真菌会分解木头或大丛树叶。也有些真菌会分解单个叶片、球果、坚果或小枝，并从中生长出小小的子实体。

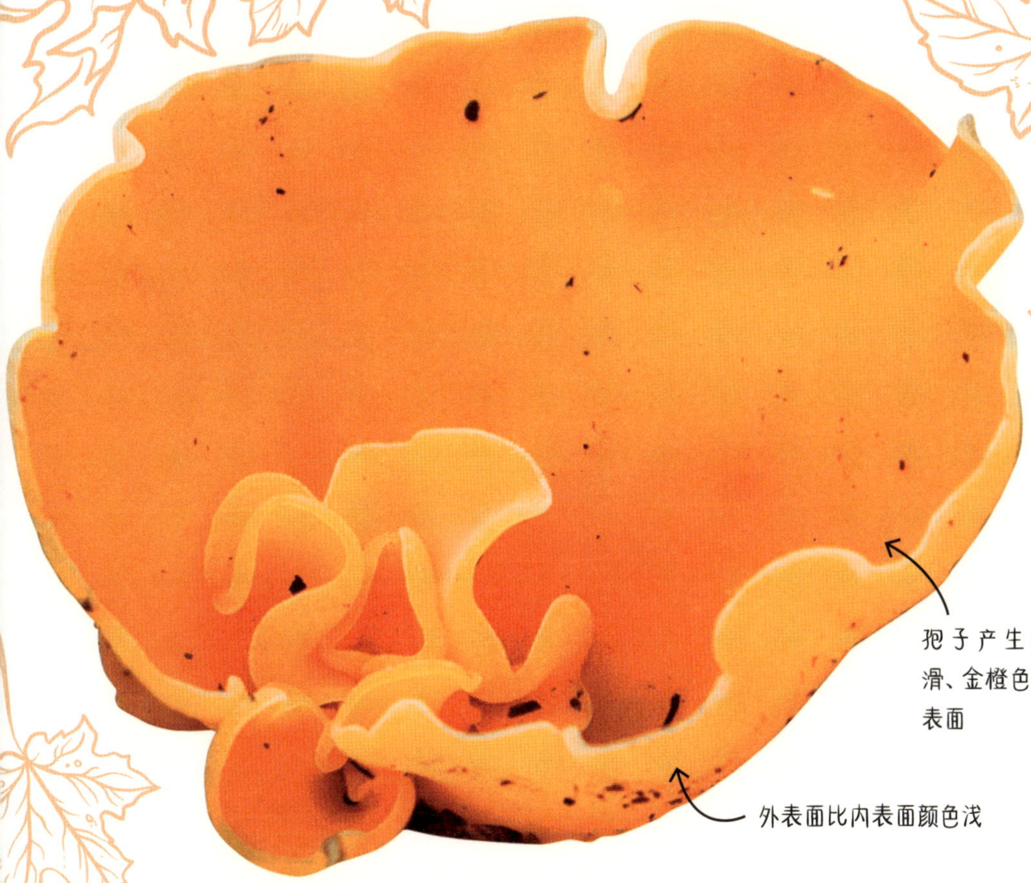

橙黄网孢盘菌

Aleuria aurantia

这种艳丽的杯状真菌偏爱石质土壤，也常出现在公园里、林地中那些踩实了的小路边。它们的子实体像是剥下的橘皮，故而又称“橘皮菌”。其拉丁学名中 aurantia 的意思是“金色的”。和其他腐生真菌一样，橙黄网孢盘菌也分解死去的植物。

毒蝇鹅膏

Amanita muscaria

这种蘑菇有着红色的菌盖，菌盖表面上有白色的颗粒状鳞片，十分漂亮，常见于桦树和松树附近，往往会形成蘑菇圈。它们与树根共生，对树木生长有益。在 19 世纪，人们会利用这种蘑菇来消灭家里的苍蝇——把菌盖泡在牛奶里，吸引苍蝇喝下有毒的混合汁液，它因此也被称为“毒蝇伞”。其拉丁学名中的 muscaria 来自拉丁语 musca，意思是“苍蝇”。

小档案

- 菌盖直径可达 20 厘米。
- 孢子印白色。
- 常见于夏末至初冬。

毒鹅膏

Amanita phalloides

这种蘑菇也叫“死亡帽”，对人类有致命的毒性，却是松鼠和鹿的美味佳肴。据说，古罗马皇帝喀劳狄一世的妻子阿格丽品娜为了让儿子尼禄继位，曾把它加到饭菜里，毒死了皇帝。毒鹅膏的菌丝与橡树及其他阔叶树的根是共生关系，真菌与树分享水和养分，并获得糖作为回报。

耳匙菌

Auriscalpium vulgare

这种小蘑菇常从掉落在林地上的松果中萌出，导致松果腐烂。特别的是，它的菌柄生在肾形菌盖的一侧，而不是中央。菌盖下是细小的菌刺，孢子就由这里产生、释放。其拉丁学名中的 auriscalpium 来自拉丁语 auris（意思是“耳朵”）和 scalpere（意思是“搔挖”），可能是因为它的形状很像老式的挖耳勺。

美味牛肝菌

Boletus edulis

这种蘑菇的菌盖很像烤面包的皮壳，因此在英国也叫“便士面包菌”。它们生长在阔叶林和针叶林里，与树木共生，分享养分和水，以换取植物合成的糖。孢子产生于菌盖下的菌管中，菌管末端可以看到细小的菌孔。它们的菌柄上有白色的脉状纹路，基部比较粗壮。

小档案

- 菌盖直径 5 ~ 30 厘米。
- 孢子印橄榄褐色。
- 常见于夏秋两季。

鸡油菌

Cantharellus cibarius

这种漏斗状的黄色鸡油菌不同于其他漏斗状的蘑菇，它们的菌盖下是厚实、皱褶的棱脉状菌褶。鸡油菌与阔叶树和针叶树的树根共生，容易与有毒的橄榄类脐菇（*Omphalotus olearius*）和橙黄拟蜡伞（*Hygrophoropsis aurantiaca*）混淆。

小档案

- 菌盖直径 3 ~ 10 厘米。
- 孢子印淡黄色或奶油色，有时杂以粉色。
- 常见于夏秋两季。

烟云杯伞

Clitocybe nebularis

这种蘑菇有时会形成蘑菇圈，出现在林地、树篱甚至灌木丛间。它们分解枯枝烂叶，蘑菇圈一年大似一年。其拉丁学名与它的形状和颜色有关，clitocybe 的意思是“倾斜的头部”，nebularis 的意思是“像烟云一样”。有时，它的子实体顶部会长出一种叫立起小包脚菇（*Volvariella surrecta*）的蘑菇。

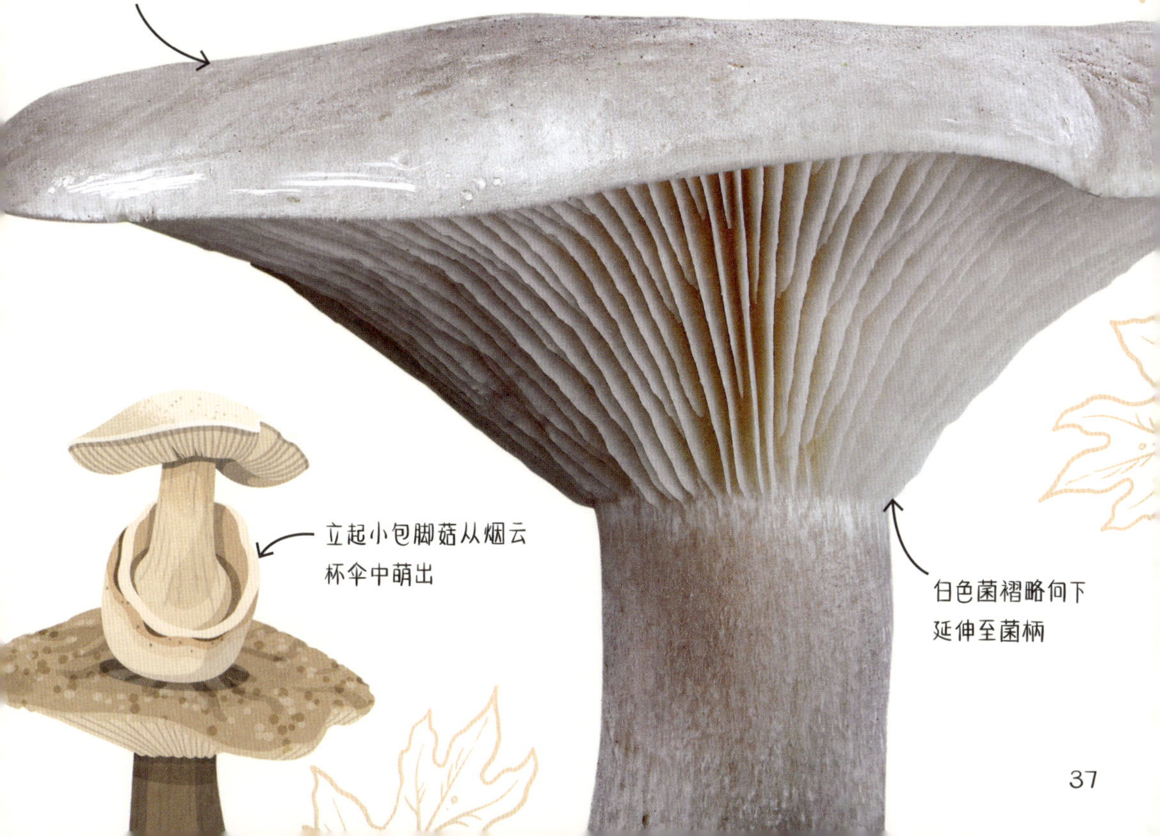

香杯伞

Clitocybe odora

这种蘑菇有浓郁的八角香气，也被称为“八角漏斗菇”，往往未见其形，先闻其味。香杯伞生长在枯叶中，从中获取养分。它们常见于阔叶树（如山毛榉）和针叶树下的林地，幼时会呈现出美丽的蓝色，这在真菌中是极其罕见的颜色。

喇叭菌

Craterellus cornucopioides

这种黑色的号角状蘑菇生长在阔叶林的落叶中。它们拥有一层坚硬的外皮，以阻隔那些喜欢吃蘑菇的幼虫。其拉丁学名中的 cornucopioides 来自 cornucopia 一词，这是希腊神话中宙斯的羊角，象征着丰收，而且装满花果谷穗，能为有需要的人提供食物。因此，这种蘑菇也叫“丰饶之角”。

小档案

- 菌盖直径 4 ~ 8 厘米。
- 孢子印白色。
- 常见于夏季至深秋。

霍氏粉褶蕈

Entoloma hochstetteri

蓝色在真菌界相当罕见，但这种蘑菇却拥有令人惊叹的鲜艳蓝色，因此也被称为“天蓝蘑菇”。它广泛分布于新西兰的森林中，并与乌帕卡树的树根共生。霍氏粉褶蕈名声不凡，不但拥有专属邮票，还登上了 50 元面值的新西兰纸币。

尖顶地星

Geastrum triplex

子实体最初有点儿像洋葱，但随着生长外包被会裂开，裂片反卷，形成星形，充满孢子的内包被向上隆起，形成尖顶。它们常出现在堆有木屑、枯枝等混合物的花园边或阔叶林里。

小档案

· 内包被直径可达 5 厘米。

· 孢子印暗褐色。

· 全年可见，常见于夏末和秋季的雨后。

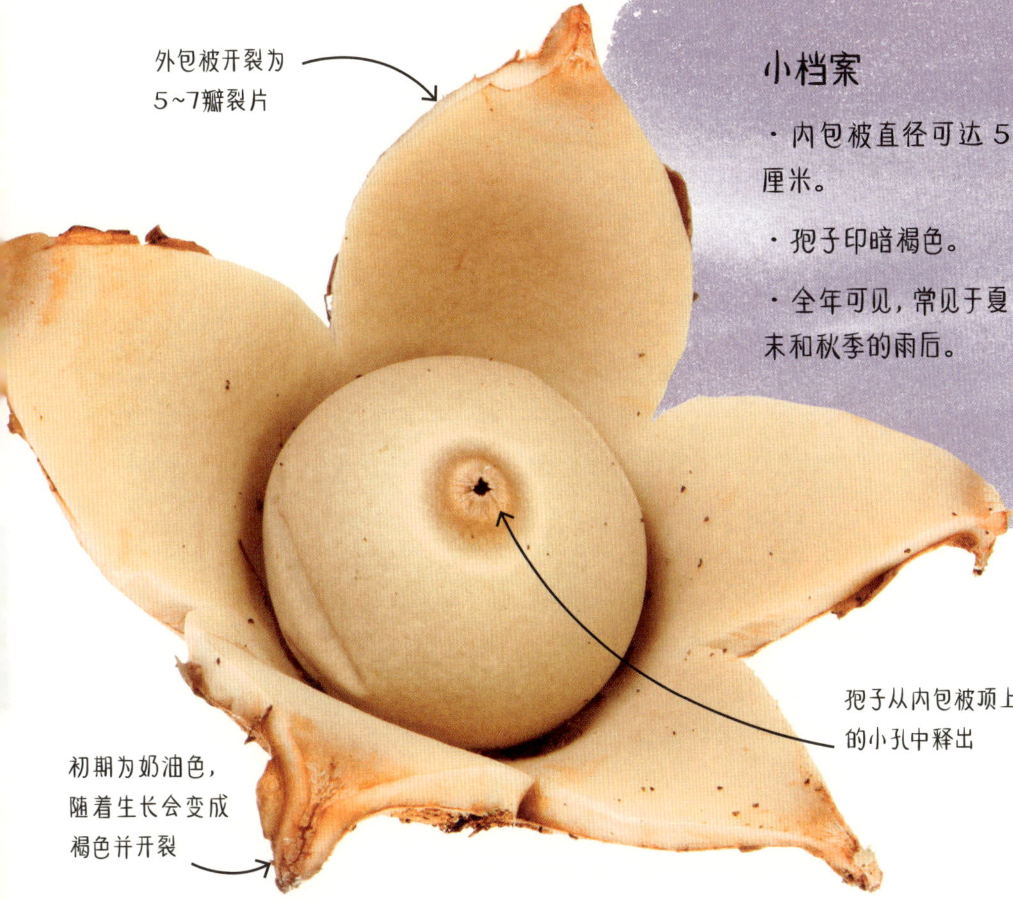

皱马鞍菌

Helvella crispa

这种真菌的子实体怪模怪样，有点儿像一根菌柄上顶着一只白色马鞍，因此得名“皱马鞍菌”。它生长在落叶堆中，白色的子实体在红色、金色的秋叶中相当显眼。皱马鞍菌是子囊菌的一种，它的孢子产生于“马鞍”表面的微小子囊内。

小档案

- 菌盖直径 3 ~ 8 厘米。
- 孢子印白色。
- 常见于夏秋两季。

派克亚齿菌

Hydnellum peckii

这种奇异的真菌在幼时会从菌盖和菌刺中渗出红色的、像血一样的液体，所以又叫“出血齿菌”。随着真菌生长，液体渐渐停止渗出，子实体常会从块状变成漏斗状。派克亚齿菌生长在欧洲和北美洲北部的针叶林中，与树根共生。目前，这种真菌因为环境污染和栖息地的丧失而面临威胁。

红色液体会从菌盖和菌刺中渗出

白色菌盖有时会被涌出的液体染成粉红色

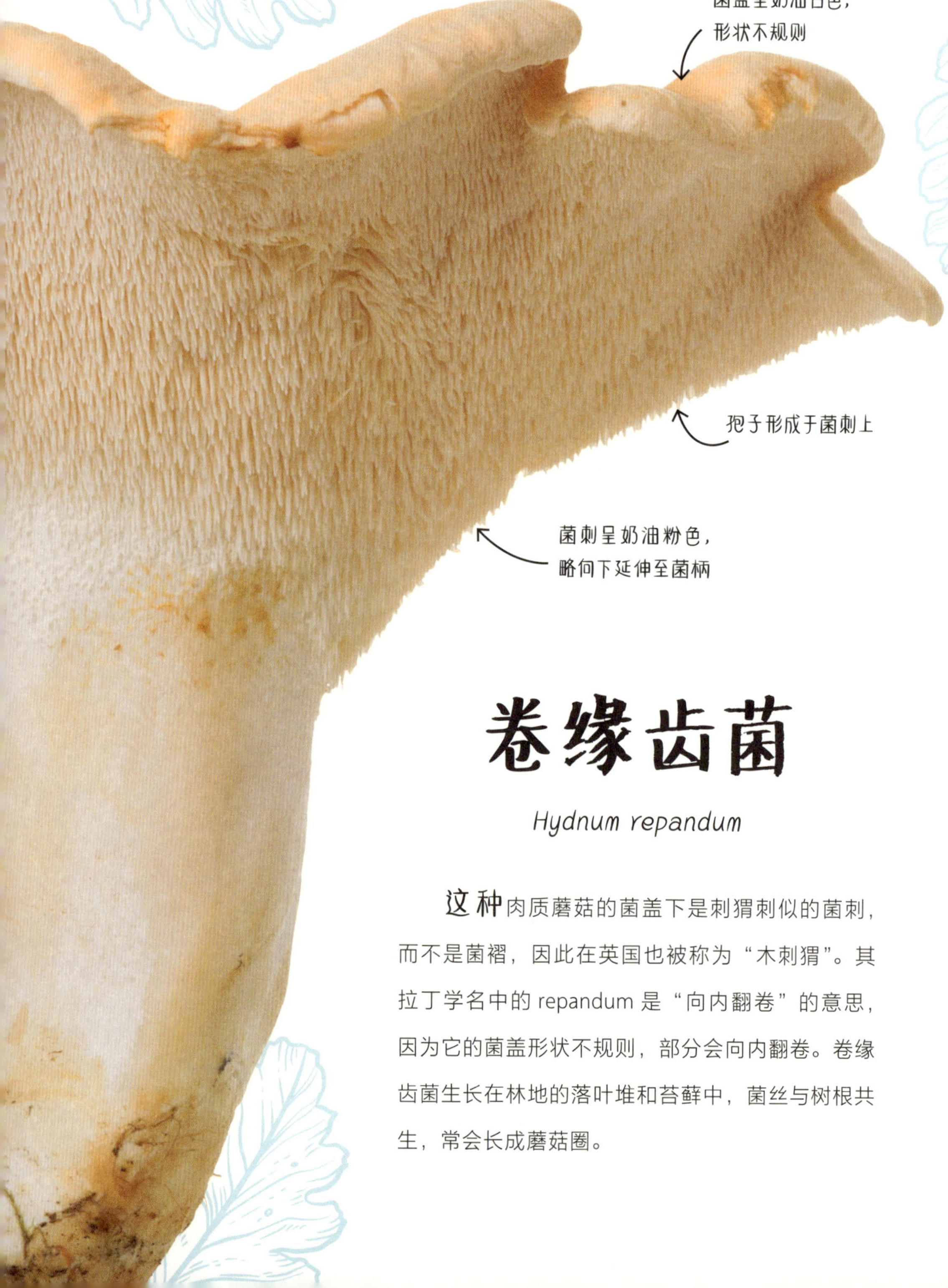

卷缘齿菌

Hydnum repandum

这种肉质蘑菇的菌盖下是刺猬刺似的菌刺，而不是菌褶，因此在英国也被称为“木刺猬”。其拉丁学名中的 repandum 是“向内翻卷”的意思，因为它的菌盖形状不规则，部分会向内翻卷。卷缘齿菌生长在林地的落叶堆和苔藓中，菌丝与树根共生，常会长成蘑菇圈。

紫蜡蘑

Laccaria amethystina

这种蘑菇能通过改变自身颜色来欺骗我们，故在英国又称“紫晶骗子”。在潮湿环境下，它的菌盖、菌褶、菌柄是较深的紫丁香色，但渐渐干燥之后，它就会变成灰白色。紫蜡蘑生长在潮湿、覆盖苔藓的地方和林地落叶堆里。

松乳菇

Lactarius deliciosus

这种蘑菇的菌盖是红色或橙色的，菌褶呈鲜艳的橙色。把菌褶割开，它会渗出一种橙黄色的乳状液体，这就是其名称的由来，而拉丁学名中的 lactarius 也有“产乳”的意思。它们与针叶树共生，常会一群群地生长于松林中。

小档案

- 菌盖直径可达 20 厘米。
- 孢子印淡粉色。
- 常见于夏末至秋季。

网纹马勃

Lycoperdon perlatum

这种梨形真菌能分解死去的植物，常成群出现在林地中，有时也能在草地上发现它们的踪影。网纹马勃完全成熟后，动物路过时的一擦一蹭甚至一滴雨，都会让它们从顶端孔口喷出一大团孢子。

湿生地杖菌

Mitrula paludosa

在阴暗潮湿的地方，满是腐烂的藻类、苔藓，若能发现色彩鲜艳的湿生地杖菌，则着实令人兴奋。这种子囊菌的子实体会从沼泽地的水中探出，就像一根根顶着黄色药头的火柴棍，也像一个个小灯塔。其拉丁学名中 mit 的意思是“僧帽”或“头巾”，paludosa 的意思是“沼泽”或“湿地”。

小档案

- 高仅 1 毫米。
- 孢子印白色。
- 常见于春夏两季。

羊肚菌

Morchella esculenta

这种真菌的子实体看起来就像菌柄上顶着金色、淡奶油色或褐色的小蜂巢。和其近亲一样，它的菌柄也是中空的，有些微小动物喜欢躲在里面。羊肚菌通常生长于白垩质土壤中，并与阔叶树的树根共生，但也会出现在花园里的草地上。羊肚菌容易与模样相似但毒性很大的鹿花菌（*Gyromitra esculenta*）混淆，二者会在同一季节出现在相似的栖息地。

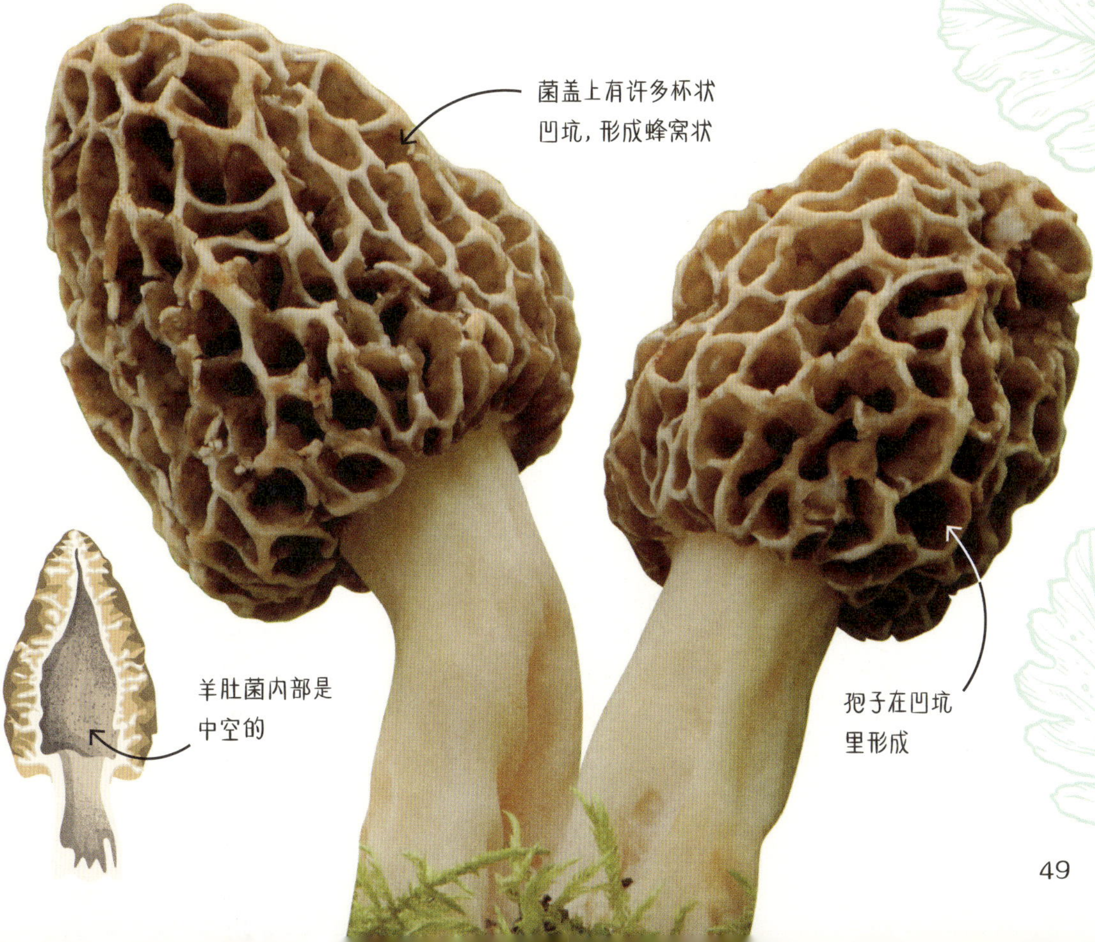

长裙鬼笔

Phallus indusiatus

这种真菌主要分布于热带地区，其传播孢子的方式不同寻常。它们的菌盖表面会分泌黏液，里面含有孢子，这种黏液闻起来像腐肉般腥臭。饥肠辘辘的苍蝇循味而来，孢子粘在它们身上，并随之散向四面八方。

小档案

- 也叫"面纱菌"。
- 菌盖直径可达 4 厘米。
- 孢子印橄榄褐色。
- 全年可见。

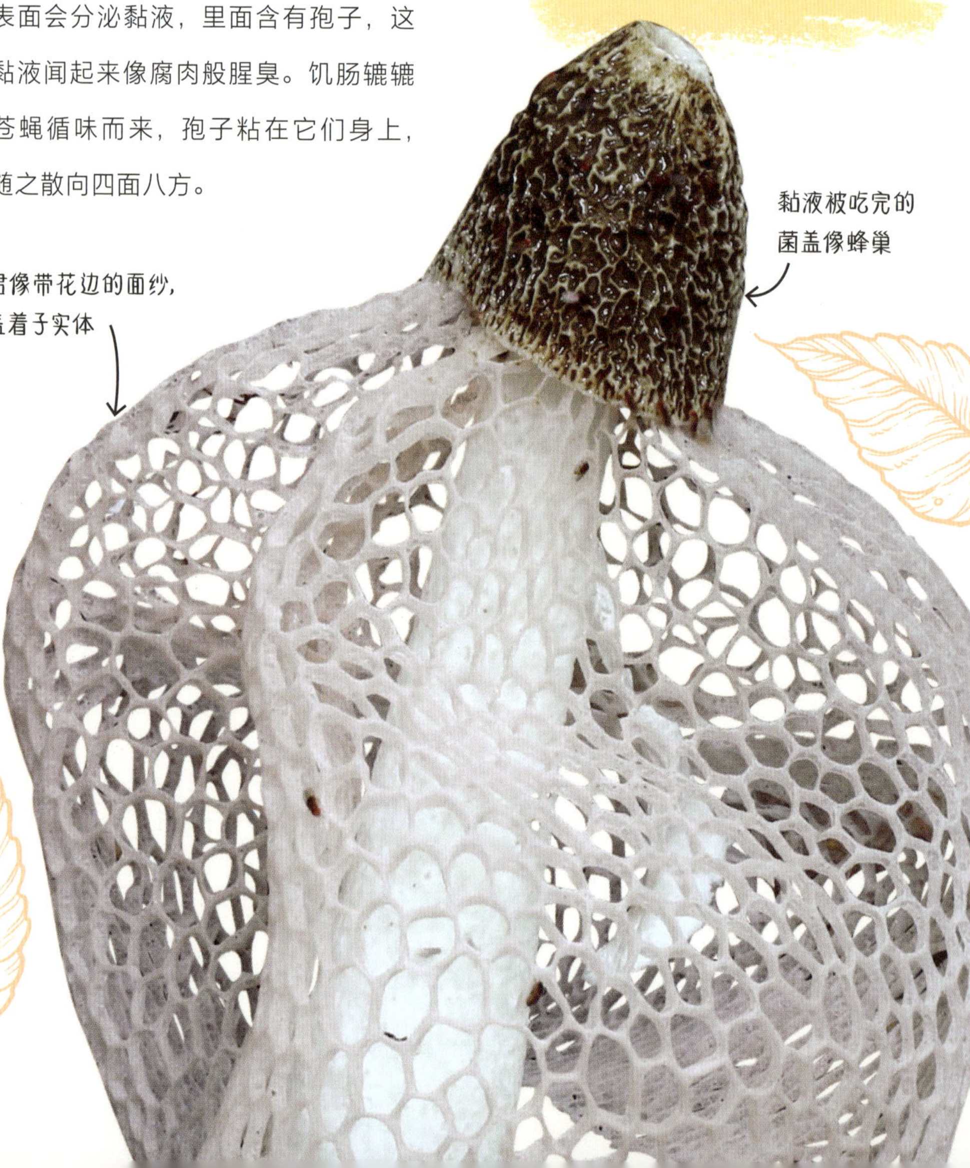

白鬼笔

Phallus impudicus

白鬼笔的子实体会从埋在林地枯叶里的卵形结构中萌出。只要菌柄上撑起菌盖，那就无法忽视它们的存在了，因为它们的臭味可以传到 100 米外的地方，也因此得名“臭角菌”。这种真菌常见于阔叶林和针叶林。

蓝黄红菇

Russula cyanoxantha

木炭燃烧时，会产生各种颜色的火焰：亮紫色、黄色、绿色、褐色、蓝灰色……这种蘑菇的菌盖颜色也是这样斑斓多变，因此得名“蓝黄红菇”，英文名称也叫“炭炉菇”。这种色彩鲜艳的真菌与树木共生，常见于林地和森林。

蓝黄红菇颜色各异

橘色硬皮马勃

Scleroderma citrinum

这种真菌的子实体好像贴在地上的小球，孢子在“小球”内产生，待“小球”顶部开裂孔口后释出。“小球”的内部会从白色变成黄褐色，到孢子准备释出时，又变成紫黑色。有一种罕见的寄生假牛肝菌（*Pseudoboletus parasiticus*）必须依赖橘色硬皮马勃生长和获取养分。

小档案

- 子实体直径可达 10 厘米。
- 孢子印黑褐色。
- 从夏至冬均可见。

橘色硬皮马勃表皮很厚，上面覆盖着疣状鳞片

松塔牛肝菌

Strobilomyces strobilaceus

这种蘑菇生长在阔叶林的苔藓和落叶堆中，很难被发现，不过一旦找到，就必定不虚此行。它的菌盖和菌柄上都长着斑驳的大块黑色鳞片。随着生长成熟，鳞片会变成黑褐色，看起来旧旧的，使这种真菌老态毕现，所以在英国和北美洲，人们称其为“林中老人”。

如果受到擦碰，灰白色的菌孔就会变红，最终变成黑色

长柄炭角菌

Xylaria longipes

这种真菌就像从地下伸出的炭棒，又长又黑。它们从埋在土壤里的枯木中获取养分，通常是群生的，但有时也会单生。孢子产生于“炭棒”上伸出的无数细小的瓶状子囊，这也令“炭棒”表面凹凸不平。

小档案

- “炭棒”高度为 2.5 ~ 6.5 厘米。
- 孢子印黑色。
- 全年可见，尤其是夏秋两季。

森林枯木

古老的森林地面上覆盖着倒伏的巨大树干和树枝，它们正是许多真菌偏爱的美食。除了肉眼可见的子实体，还有其他迹象表明真菌的存在：有时，许多菌丝缠结在一起，形成庞大的网络，在腐烂的树干、树枝或地面下蜿蜒；有时，真菌看起来就像黑色的树桩，或是烧焦的木头，但其实，那些黑色的表面是由紧密交叠的菌丝构成的。

橘色半杯菌

Bisporella citrina

在阔叶林地那些枯死腐烂的树桩、树干上，很容易发现这种漂亮的真菌。它们个头儿很小，颜色鲜黄，一簇簇地群生，尤其喜欢橡树和山毛榉。当菌盖完全绽开时，它们看起来就像一个个黄色的圆形小唱片，因此也被称为“柠檬唱片”。其拉丁学名中的 citrina，意思是“柠檬黄”。赋予这些小圆盘亮丽色彩的色素与黄椒中的是同一种。

橘色半杯菌常会大片大片地覆盖整根树枝

黏胶角耳

Calocera viscosa

这种真菌细小的子实体看起来像雄鹿的角，且呈鲜艳的橙黄色，质地似蜡。其拉丁学名第一个词 calocera 中的 calo 意思是“美丽的”，cera 的意思则是“像蜡一样”。黏胶角耳是一种木腐菌，在它栖身的腐木内部，通常会藏有更多的其他真菌。

小档案

· 也被称为“胶鹿角菌”。

· 分枝高度可达 10 厘米。

· 孢子印白色。

· 全年可见，尤其是秋季。

小孢绿杯盘菌

Chlorociboria aeruginascens

这些蓝绿色的小杯子生长在森林地面的朽木上，把木头都染成了蓝绿色。发现它们就像走进了童话世界，甚至可以想象出仙女或精灵用它们来收集露水，所以西方人会称它为“精灵绿杯”。木头虽然被这些真菌染成了蓝绿色，但几乎不会有什么损坏，反而因此受到工匠们的青睐，摇身一变成为木箱或其他物品上美妙的装饰物。

隆纹黑蛋巢菌

Cyathus striatus

这种真菌的子实体看起来像鸟巢，里面还有小小的“鸟蛋”，见到它就仿佛进入了精灵和仙女的神秘世界。如果有雨滴落进倒圆锥形的包被，里面的银色卵状小包就会以每秒 5 米的速度弹出。每个小包上都带有细小盘结的菌索，菌索碰到树枝或树叶时便会黏附在其表面。含有真菌孢子的小包固定之后，菌丝就能获取养分开始生长了。

栎迷孔菌

Daedalea quercina

在希腊神话中，代达罗斯在克里特岛建造了一座迷宫，用来囚禁牛头人身怪物弥诺陶洛斯。栎迷孔菌的菌盖下表面有深深的凹槽和厚实的层体，看起来就像迷宫，于是 daedalea（代达罗斯）就成了它拉丁学名的第一个词。拉丁学名中另一个词 quercina 的意思是“栎木”，因为它最偏爱栎树。它会腐蚀栎树树桩、倒伏树干和树枝中间的深色木质，偶尔也会生长在欧洲栗上。

小档案

- 菌盖直径 6 ~ 20 厘米。
- 孢子印白色。
- 全年可见，夏末至秋季释放孢子。

黑耳

Exidia glandulosa

在西方传说中，把这种真菌的子实体扔到烈火之上可以阻止女巫施法！它们有着黄油般的外观和令人害怕的黑色，其英文俗称“女巫的黄油”便由此而来。它们从阔叶树的枯枝中汲取养料，天气干燥时变得干枯，颜色转为橄榄褐色，天气潮湿时则又会变回果冻模样。

杏黄胶孔菌

Favolaschia calocera

这种真菌常出现于潮湿处断落的树枝上，其漂亮的子实体有点儿像小小的乒乓球拍，因此它也被称为“乒乓球拍菌”。其拉丁学名 favolaschia 中的 favo 来自拉丁语 favus，意思是“蜂巢”，指的是其菌盖下表面呈蜂巢形状。这种真菌原产于马达加斯加，但意外传播到了其他许多国家，且生长兴旺。

小档案

- 菌盖直径可达 2.5 厘米。
- 菌柄可长至 1.5 厘米。
- 孢子印白色。

簇生垂幕菇

Hypholoma fasciculare

这种硫黄色的小子实体常见于阔叶林中，不过在针叶树下也能发现它们的踪迹。它们紧密地丛生于树桩或其他枯木上，有时也生长在活树的根部。这种真菌是重要的木腐菌，一截树桩足够它存活许多年，残余的木屑再由其他真菌分解。对于土壤中的微小动物和人类而言，簇生垂幕菇是有毒的。

脆形炭团菌

Hypoxylon fragiforme

这种真菌拉丁学名第二个词 fragiforme 中的 fragi 来自拉丁语 fragaria，意思是“草莓”，因为它的子实体有点儿像褐色的小草莓。脆形炭团菌在欧洲和北美洲很常见。它会慢慢地分解枯死的阔叶树树枝，尤其偏爱山毛榉。它的孢子也可以附着在活树树枝上，但要到树枝死亡干枯后，菌丝体才开始生长。

小档案

- 子实体可高至 7 毫米。
- 孢子印深褐色。
- 全年可见。

万寿菊色小皮伞

Marasmius tageticolor

这种蘑菇的菌盖像一顶小小的降落伞，它们多见于中美洲和南美洲，而类似的小皮伞科真菌往往分布在较凉爽的地方。这种真菌颜色明艳，带有深红色和白色相间的条纹，就像手工糖果。它们靠掉落的嫩枝获得养分，鲜艳的颜色让它们在落叶堆中十分显眼。

小档案

- 菌盖直径可达 1.7 厘米。
- 菌柄可长至 4 厘米。
- 菌柄光滑，呈甜菜根红色至红宝石色。

血红小菇

Mycena haematopus

这些小蘑菇最初是钟形球果状，随着生长渐渐展开。其拉丁学名中的 haematopus 来自古希腊语，意思是“流血的脚”，因为它们受损时会流下血红色的液体。血红小菇是木腐菌，在老朽腐烂的橡树树桩上成簇生长。在它所属的小菇属中，既有受损时会“流血”的真菌，比如红褐盖小菇（*Mycena sanguinolenta*），也有不会“流血”的真菌。

施魏暗孔菌

Phaeolus schweinitzii

这种真菌的子实体从针叶树的木质树根中萌出，看起来就像层层叠叠的架子。有时它们也会出现在草丛中，薄薄的草叶从“架子”中钻出。施魏暗孔菌会杀死针叶树，并从枯木中吸取养分。这种真菌有时会用于丝线和纱线的染色，像是黄色、橙色、棕色，秋日气息浓厚，这就是其英文名称“染色孔菌”的由来。

密枝瑚菌

Ramaria stricta

这种真菌的子实体非常漂亮，像珊瑚一样，粉红色的分枝直立向上。其拉丁学名 ramaria 中的 ram 来自拉丁语 ramus，意思是“分枝”，而 stricta 的意思是“直立”。密枝瑚菌会腐蚀阔叶树和针叶树的树根，但也可能与树木形成共生关系，与之交换营养物质、水和糖。密枝瑚菌在欧洲和北美洲很常见。

小档案

- 也叫“直立珊瑚菌”。
- 子实体高度可达 8 厘米。
- 孢子印暗黄色。
- 常见于夏末至初冬。

奥地利肉杯菌

Sarcoscypha austriaca

春天，在潮湿的森林里，枯枝和苔藓覆盖的原木上常有这种真菌的身影。它们颜色鲜红，形状像杯子，是蛞蝓、小型啮齿动物等林地动物的美餐。孢子形成于“杯子”的内壁，释放时会发出微弱的噗噗声。在西方民间传说中，森林精灵会饮用这些精致“杯子”里的露水，所以这种真菌也被称为“猩红精灵杯”。

红毛盾盘菌

Scutellinia scutellata

这种杯状真菌个头儿很小，呈亮橙色，生长于潮湿腐烂的植物、木材上，有时也会从马粪、牛粪中冒出来。它们的子囊盘边缘生有栗褐色的毛，看起来像睫毛，所以又称“睫毛盘菌”。其拉丁学名中 scutellata 的意思是“小盾牌”。红毛盾盘菌在世界各地都很常见。

小档案

- 子囊盘直径通常仅有 4 毫米左右。
- 孢子印白色。
- 常见于夏秋两季。

毛韧革菌

Stereum hirsutum

这是一种常见的阔叶树木腐菌，可生长于森林地面，也可附着在树枝上。在它栖身的木头上，常会出现许多灰白色的条纹。毛韧革菌的子实体形状、颜色各异，但通常为黄色、橙色或褐色。初期菌盖表面有许多绒毛，其拉丁学名中 hirsutum 的意思就是“毛发”。

小档案

- 菌盖直径可达 8 厘米。
- 孢子印白色。
- 全年可见。

变色栓菌

Trametes versicolor

这种真菌又叫“云芝”，它的子实体层层叠起，就像火鸡的尾巴。菌盖腹面为白色或奶油色，没有菌褶，但生有菌孔。生长在枯木上的云芝可以呈现出多种颜色，但生长在黑暗处的云芝却是全白的。在它的拉丁学名中，tram 的意思是“薄的”，versicolor 的意思是“颜色多样”。云芝可以入药，历史已有数百年之久。

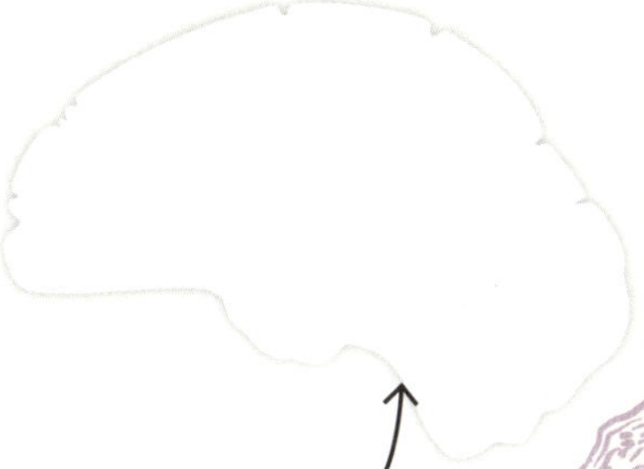

长在阴暗山洞里的云芝是白色的

菌盖上有颜色各异的弧形云纹

黄金银耳

Tremella mesenterica

这种黄色的真菌看起来有点儿像大脑，所以又称“脑耳”。它的触感软乎乎的，好像颤颤悠悠的果冻，这就是其拉丁学名中 tremella 一词的意思。它生长在木头上，但不是木腐菌，而是以隔孢伏革菌属的真菌为营养来源，所以其实是一种寄生真菌。

小档案

- 菌盖直径可达 8 厘米。
- 孢子印白色。
- 全年可见，秋季和初冬多见。

赭红拟口蘑

Tricholomopsis rutilans

这种紧韧的蘑菇也被称为“李子蛋糕”，它会从针叶林的松针、苔藓中萌出，并分解地下的树根、倒伏的树干和树桩。它们的菌盖呈紫色、黄色，拉丁学名中的 rutilans 也是形容其颜色，意思是“变红”。虽然它们的菌褶是鲜艳的黄色，孢子印却是白色的。

团炭角菌

Xylaria hypoxylon

这种真菌也叫“鹿角菌”，在秋天和初冬会变黑，看起来像是燃烧熄灭后的蜡烛芯。它们会分解林地上的树桩和其他枯木。这种真菌覆盖着它们所栖息的枯木，木头里面是黑色的菌丝组织。如果将木头锯开，则会看到黑色的纹路——正是它们使木头干枯，符合真菌的喜好。其拉丁学名第二个词hypoxylon 中的 hypo 意思是“底下”，xylon 的意思是“木头”，由此可知，它是一种木腐菌。

与树共生

一些真菌依赖活树生存，从而导致树木病弱或死亡，但大多数真菌只从枯枝、枯叶和其他干枯部分获取营养。有些真菌的子实体一年四季都附着在树木上，有的又小又硬，呈疣状凸起，有的大而厚实，呈硬质块状。蘑菇之类的肉质子实体往往只出现于特定的时间，存活数周或数月。一些老树的树干内部已经枯死，真菌腐蚀后渐渐形成空腔。对于树木而言，这未必是坏事，因为从枯木中释放出的营养物质可以被树木吸收利用。

鳞蜡孔菌

Cerioporus squamosus

这种真菌的子实体很宽大，覆有鳞片，从树干上侧生探出的模样就像马鞍；如果长在树木根部，也可能呈漏斗状或喇叭状。它们以附着的枯木为营养来源，属于木腐菌。传说森林里的树妖会把它们当作座椅，这正是其英文名称“树妖鞍座菇”的由来。

小档案

- 菌盖直径可达 60 厘米。
- 孢子印白色。
- 可见于春季至秋季。

达尔文瘿果盘菌

Cyttaria darwinii

19 世纪，博物学家、生物学家查尔斯·达尔文在乘坐“小猎犬”号探险时采集到了这种真菌，并用自己的名字为它命名。达尔文瘿果盘菌是南青冈属树木的病原体，只有在南美洲的智利和阿根廷才能觅得它们的踪迹。澳大利亚和新西兰也有类似的物种，这提醒着我们，地球上曾存在板块彼此相连的超级大陆！

黑轮层炭壳

Daldinia concentrica

附生在树枝或树干上的“煤块”很可能是这种真菌的子实体。它的英文名称和一个传说有关：国王烤蛋糕时睡着了，醒来后发现烤焦的蛋糕又黑又干，就像这种真菌！由此，人们也叫它“阿尔弗雷德大帝的蛋糕”。产生孢子的新鲜子实层会逐年叠加到子实体上，把黑轮层炭壳掰开才能看到。

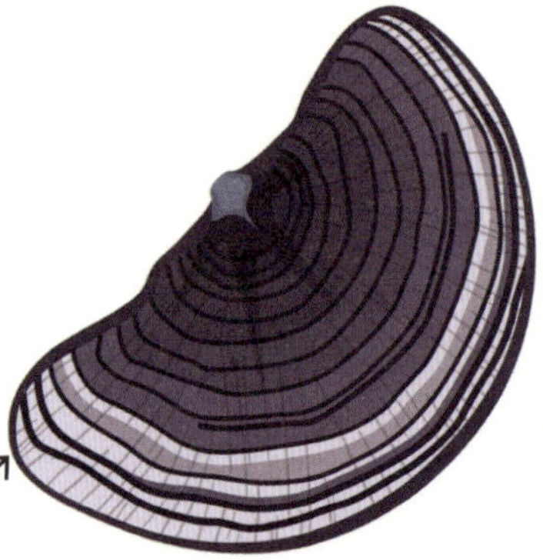

肝色牛排菌

Fistulina hepatica

切开这种真菌的子实体，就像切开一块生肉，甚至会流出血红色的液体。活着或已死去的橡树和甜栗树树干内的枯腐部分，是肝色牛排菌生长的乐土，但这些枯木含有的化学物质却会将其他大多数真菌拒之门外。肝色牛排菌会极缓慢地侵染木头，将其心材变成漂亮的褐色，使它成为制作家具的热门木材。

小档案

- 菌盖直径可达 25 厘米。
- 孢子印淡粉色。
- 常见于夏秋两季。

木蹄层孔菌

Fomes fomentarius

这种真菌的子实体生长在桦树、山毛榉及其他阔叶树的树干上，形状就像一只马蹄。所以在英国，它也叫“马蹄菌”。它会缓慢地腐蚀树木。1991 年，人们在横跨奥地利与意大利的奥茨塔尔阿尔卑斯山脉发现了一具 5000 年前的冰冻木乃伊，这就是“冰人奥茨”。他携带的袋子里装有木蹄层孔菌，可能用作引火的火种。

小档案

- 菌盖直径可达 40 厘米。
- 孢子印淡柠檬黄色。
- 全年可见，但在春末和夏季释放孢子。

桦拟层孔菌

Fomitopsis betulina

这种真菌通常生长在桦树上。它从树干内部的枯木获得养分，使之变成褐色且脆硬易碎。在“冰人奥茨”的袋子里，除了木蹄层孔菌，也有桦拟层孔菌的身影。当年，这位登山者可能将它撕成条当作创可贴用来止血，或作为药物缓解胃痛。

南方灵芝

Ganoderma australe

这种质地坚硬的真菌生长在树干低处，子实体逐年增大，每到夏末至秋天，底部的白色菌孔就会释放出数百万个孢子。南方灵芝会分解栎树、橡树等阔叶树内芯的枯木，直至掏空树干，使之成为数千微小动物、鸟类、小型哺乳动物以及其他真菌的栖息地。

直径可达25厘米

贝叶奇果菌

Grifola frondosa

这种真菌的子实体从灰白色的菌柄处分枝，重叠成丛，状如波浪。它生长于山毛榉、橡树、枫树的树干底部，或大型的木质根部。它依赖枯木生存，但分解是个长久的过程，所以它的子实体常会连续数年生长于相同的位置。这种真菌看起来像母鸡身上一层层的羽毛，它的拉丁学名也由其形状而来，grifola 的意思是“错综交织的”，frondosa 的意思是“像叶子一样”。

小档案

- 直径可达 1 米及以上。
- 孢子印白色。
- 常见于夏秋两季。

猬状猴头菌

Hericium erinaceus

这种真菌有好几种别称：猬菌、刺猬菌、猴头菌等。其拉丁学名中的两个单词都有“像刺猬”的意思。猬状猴头菌没有菌褶，孢子产生于下垂的菌刺表面。这种菌在欧洲大部分地区很少见，在北美洲较常见，它们会分解山毛榉、橡树等立木或倒木枯死的树干。在英国，采摘或损毁它是违法的。

小档案

- 菌刺可长达 5 厘米。
- 孢子印白色。
- 常见于夏秋两季。

硫色炯孔菌

Laetiporus sulphureus

这种真菌子实体看起来像煮熟的鸡肉，因此又称“树鸡蘑”。在它的拉丁学名中，laetiporus 的意思是“有明亮的孔”，sulphureus 的意思是“硫黄色”。它会侵蚀山毛榉、橡树、栗树、紫杉等枯死的树干，使之干硬易碎，并在木头内形成白色坚韧的菌丝体。

巨肉孔菌

Meripilus giganteus

这种真菌的子实体很大，由层层叠叠的扇形菌盖组成，也被称为“巨盖孔菌”。它生长在阔叶树周围的地上，菌丝体依赖木质根汲取营养。如果树被风雨掀倒，拔起树根，有时就能看到树根已被这种真菌侵蚀，渐渐衰弱。

小档案

- 菌盖直径可达 30 厘米，厚度为 1~3 厘米。
- 孢子印白色。
- 常见于夏季至初秋。

子实体不久就会腐烂

黏盖菌

Mucidula mucida

这种真菌常见于欧洲，看起来像是光亮、倒扣的瓷盘子，由此得名“瓷盘菇”。其子实体丛生于山毛榉的树干和树枝上，被撞掉时会像降落伞似的飘落。它们依赖枯木生存，也可以生长在山毛榉掉落的枯枝上。它们占据的枯木里面会呈现出鲜艳的橙色纹路，这是菌丝构成的屏障，能将自己的地盘与其他真菌区隔开。它们还会产生“除菌剂”，以对抗竞争者。

巢型类脐菇

Omphalotus nidiformis

这种蘑菇很容易被误认为是平菇，但它是有毒的。在澳大利亚、塔斯马尼亚、印度和印度尼西亚都有它的踪迹。它会分解树木，并在黑暗中发出诡异的荧光，因此又有“幽灵蘑菇”的别称。其发光机制尚不明确，很可能是因为树木被分解时会释放出危险的化合物，真菌在自我保护的过程中产生的代谢副产物发出了荧光。

翘鳞伞

Pholiota squarrosa

这种蘑菇呈黄褐色，覆盖着许多鳞片，常出现在阔叶树（偶尔见于针叶树）老树的根部或树桩上。翘鳞伞是木腐菌，能够分解枯木。其拉丁学名描述了菌盖上罕见的、向上翘起的鳞片，pholiota squarrosa 的意思就是“有翘起的鳞片”。这种蘑菇与蜜环菌（*Armillaria mellea*）模样相似，容易混淆。

小档案

- 菌盖直径可达 12 厘米。
- 孢子印锈褐色。
- 菌柄呈灰黄色，随着生长会变成肉桂色。

小档案

· 菌盖直径可达18 厘米。

· 孢子印白色或淡灰紫色。

· 常见于夏、秋、初冬，以及温暖地区的冬末。

糙皮侧耳

Pleurotus ostreatus

糙皮侧耳种类很多，大小、形状、颜色各不相同，丛生于枯死的树木、倒伏的树干或大树枝上。它们的菌盖呈奶油色、浅褐色、深褐色、灰白色乃至蓝黑色，常常彼此重叠，但菌柄都各自独立地附着在木头上。这种真菌依赖木头生存，有时也来些小虫换换口味。它们的菌盖状似牡蛎壳，所以又称“蚝菇”。

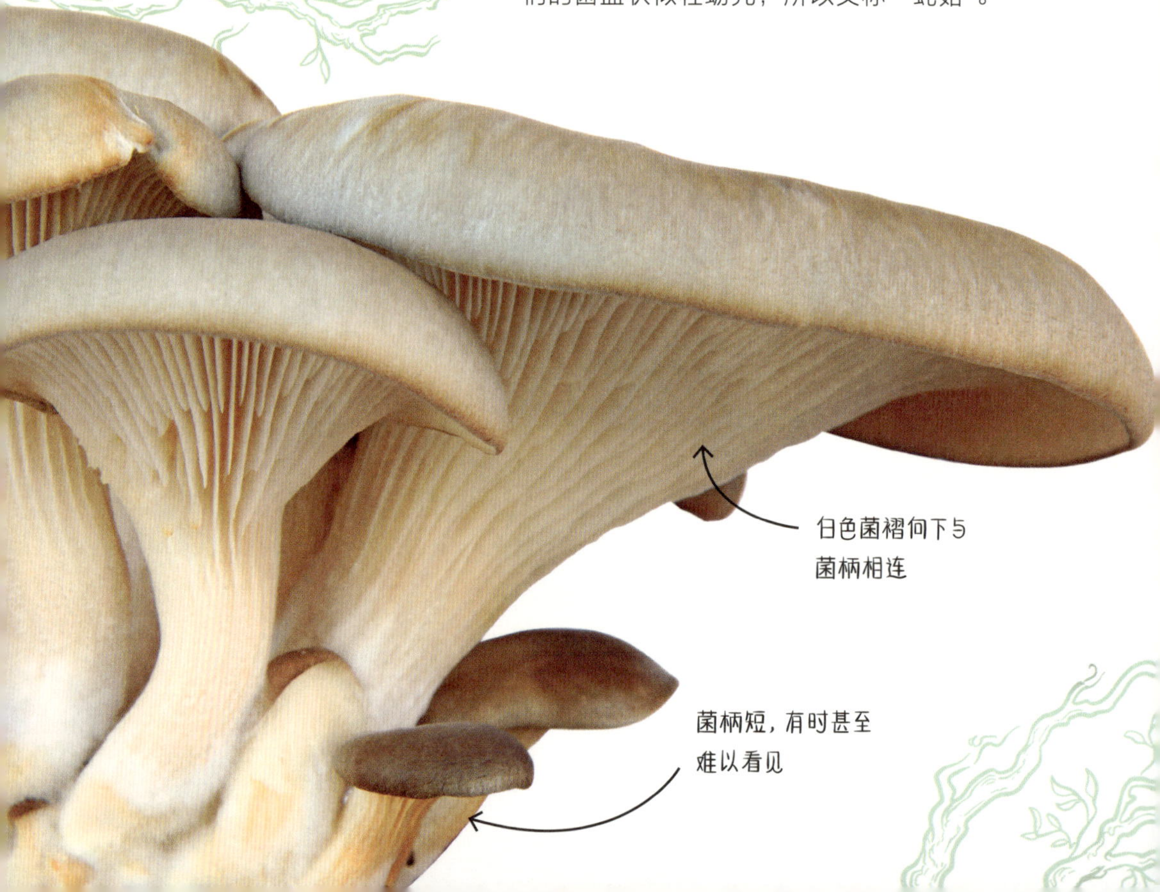

绣球菌

Sparassis crispa

这种真菌的子实体看起来像一朵硕大的绣球，端坐在针叶树根部。其拉丁学名中的sparassis来自希腊语，意思是“撕裂”，crispa的意思则是“波浪形”或“卷曲”，因为它的模样就像一堆卷曲的、撕裂的叶子。绣球菌偏爱欧洲赤松的树根，有时也会青睐其他树种，而且常常一待就是几十年！

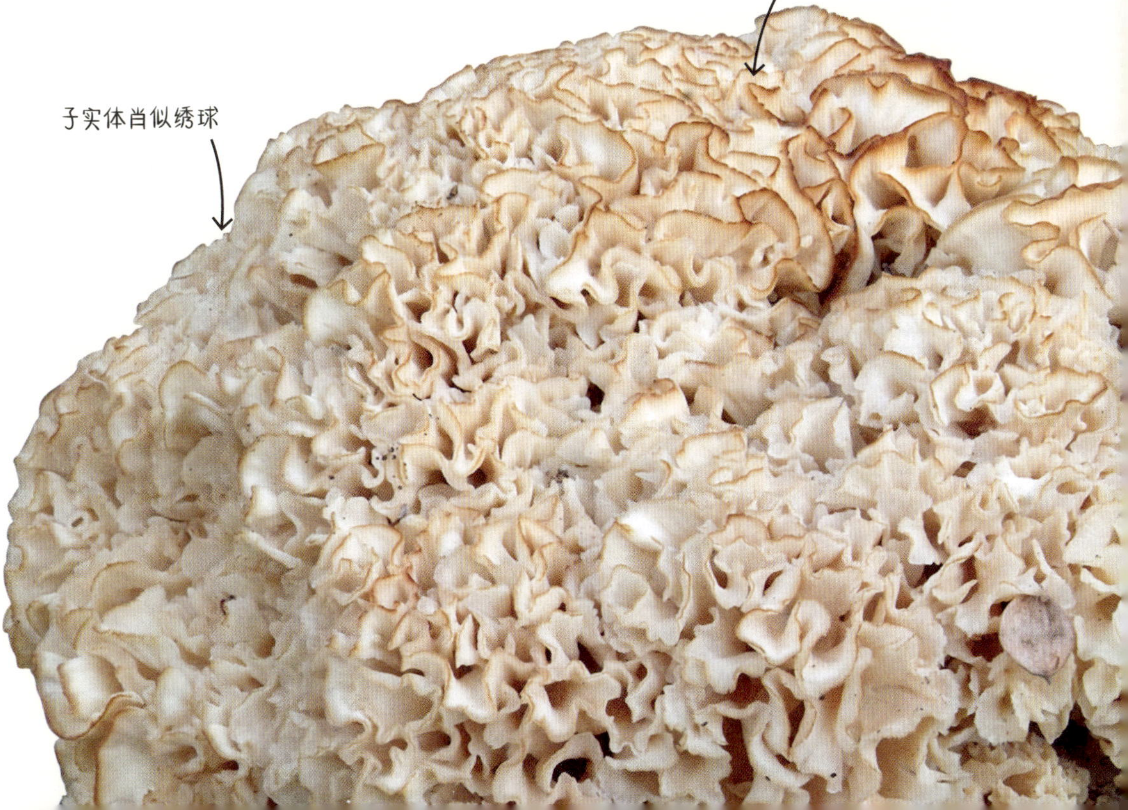

昆虫杀手

以昆虫为食的真菌，有些非常可怕！它们甚至能够操控受害昆虫的意识，使其行为有助于自己传播孢子。

蝉团孢霉（*Massospora cicadina*）

这种真菌的孢子会在土壤中等待 13 年或 17 年，当密密麻麻的十七年蝉幼虫破土而出时，便侵入它们体内。真菌在蝉体内汲取营养，持续生长，当蝉寻找配偶时，真菌也会传染给对方。

冬虫夏草（*Ophiocordyceps sinensis*）

当虫草蝙蝠蛾的幼虫在草甸的土壤中四处蠕动大嚼草根时，冬虫夏草菌会感染它们。真菌慢慢吞噬幼虫体内组织，直至从虫体的头部长出子实体，这就是冬虫夏草。冬虫夏草是很重要的药用真菌，在古代中国，只有皇帝和贵族才能享用得起。

单侧线虫草（*Ophiocordyceps unilateralis*）

单侧线虫草能够把弓背蚁变成僵尸。当蚂蚁外出觅食时，真菌会把孢子落在它们身上，进而在它们的身体里生长。蚂蚁就此意识模糊，跌跌撞撞地爬上约 25 厘米高的植物，咬住一片叶子，直至殒命。真菌则以蚂蚁的内脏为食，从蚂蚁的头部萌出子实体。子实体释放孢子，孢子感染蚂蚁，如此循环往复，因此也有人称它为“僵尸蚂蚁菌”。

植物害菌

槭斑痣盘菌

(Rhytisma acerinum)

微小的槭斑痣盘菌会在槭树叶上造成大块黑斑。这种真菌会夺取树叶的养分，但不至于造成太大的破坏。冬天，枯叶落在地上时，孢子就在黑斑下产生。

大多数植物都能避免真菌的感染，但要是不能保护自己，就会被真菌占便宜。有些真菌以活的植物为营养来源，造成白粉病、黑斑、腐烂，有时甚至导致植物死亡。这里列出的真菌很常见，你外出走动时就可能遇见。

白粉菌

这类真菌蒙在植物的叶子、茎、花上，形成一层白色粉状物。它们将菌丝刺进叶子，掠夺植物的养分。叶子上的粉质层会阻碍植物获得所需的光线，所以感染了这类真菌的植物无法好好生长。

感染果生链核盘菌的苹果上可见同心轮纹状孢子团

感染锈菌的赤杨树叶子

锈菌

锈菌会导致植物的叶子和茎上出现粉状的锈橙色斑点。锈菌的种类很多，分别感染不同种类的植物，从小麦等农作物到金鱼草等园林植物，都是它们的受害者。

果生链核盘菌（*Monilinia fructigena*）

在花园或果园有果树生长的地方，要提防果生链核盘菌感染。这种真菌会在果实上形成浅褐色的同心轮纹状孢子团，这在苹果、梨、桃、李和樱桃上非常常见。

蔷薇双壳（*Diplocarpon rosae*）

蔷薇双壳会导致叶子上出现黑色或紫色的圆形病斑，这种病斑很难控制，因为真菌不断进化，曾经具有抗病性的蔷薇品种也会变得容易被真菌侵袭。

孢子在黑斑上形成

其他地方

无论你在哪里，总能发现真菌的踪影。我们人类的体表和体内都有真菌，我们呼吸的空气中也飘浮着真菌的孢子。从北极、南极到热带地区，甚至深海，地球上每个角落都生活着真菌，就连太空也不例外！在我们的身边，真菌也总会出现在那些最令人意想不到的地方，比如马粪里、河流里的浮沫内、沙丘中，还有墓地的墓碑上。

蜜环菌

Armillaria mellea

蜜环菌的菌丝会使树木发光

蜜环菌有很多种，看起来十分相似，它们都有着蜂蜜般的颜色。其中有不少种类能杀死树木，而有些只依赖衰败的或已死的树木为生。蜜环菌会形成根状菌索，在土壤里、树皮下传播繁殖。它们的菌丝会发出荧光，在第一次世界大战时，士兵们有时会借助这些发光的木头来照亮战壕。

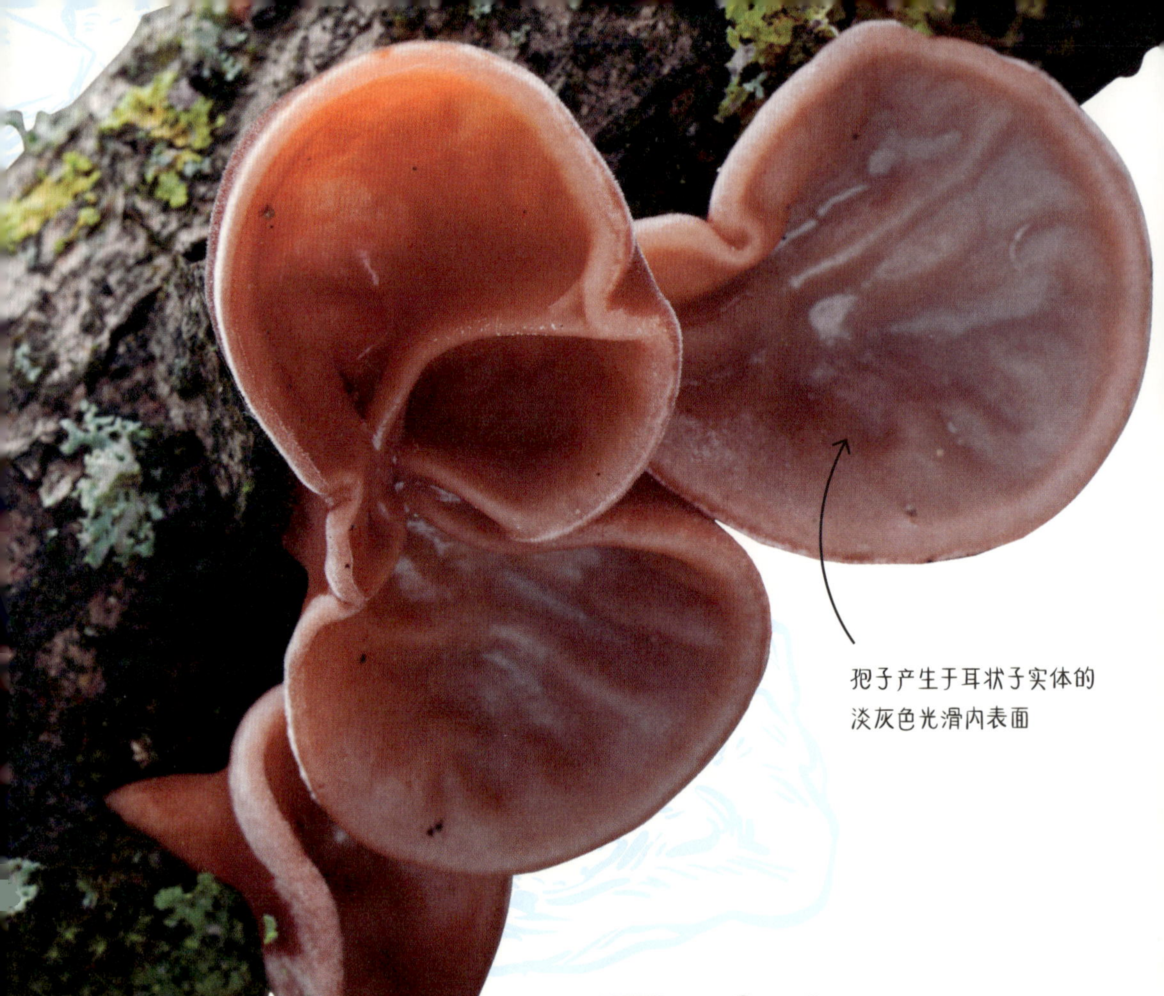

厚质木耳

Auricularia auricula-judae

这种真菌的子实体柔软、有弹性，形状像人的耳朵。它们生长在接骨木及山毛榉等阔叶树的树干上和掉落的树枝上。缺少雨水时，厚质木耳会变得干燥，又硬又脆；雨后，它们就像被施了魔法似的舒展开来，恢复果冻般的质地。这时，真菌就可以继续释放孢子了。

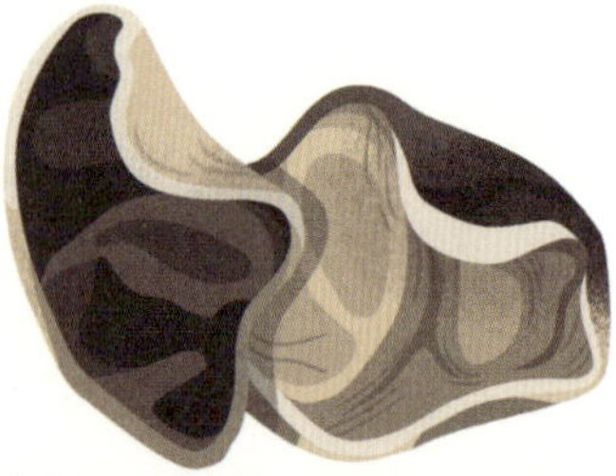

灰葡萄孢

Botrytis cinerea

你是否有过这样的经历：把草莓忘在冰箱里，等再想起时，它已经长出了毛茸茸的灰色霉状物？或是发现暖房里的植物长出了奇怪的绒毛？如果答案是肯定的，那么它很可能是灰葡萄孢。这种真菌侵害死去的植物，活的植物若是生长情况不良，也有可能感染。出现灰葡萄孢并不总是坏事。在适当的条件下，如果它感染葡萄藤，人们会收获浓甜的葡萄，用于酿造特别的葡萄酒。

淡黄变孢衣

Caloplaca flavescens

这种壳状的金橙色地衣常会出现在墓地里那些享受阳光的石头上。地衣体的直径可达 10 厘米，中央像是诡异的石板，但也可以完全消失，只留下外圈。这种地衣的边缘向内卷曲，它可以牢牢地附着在石头上。

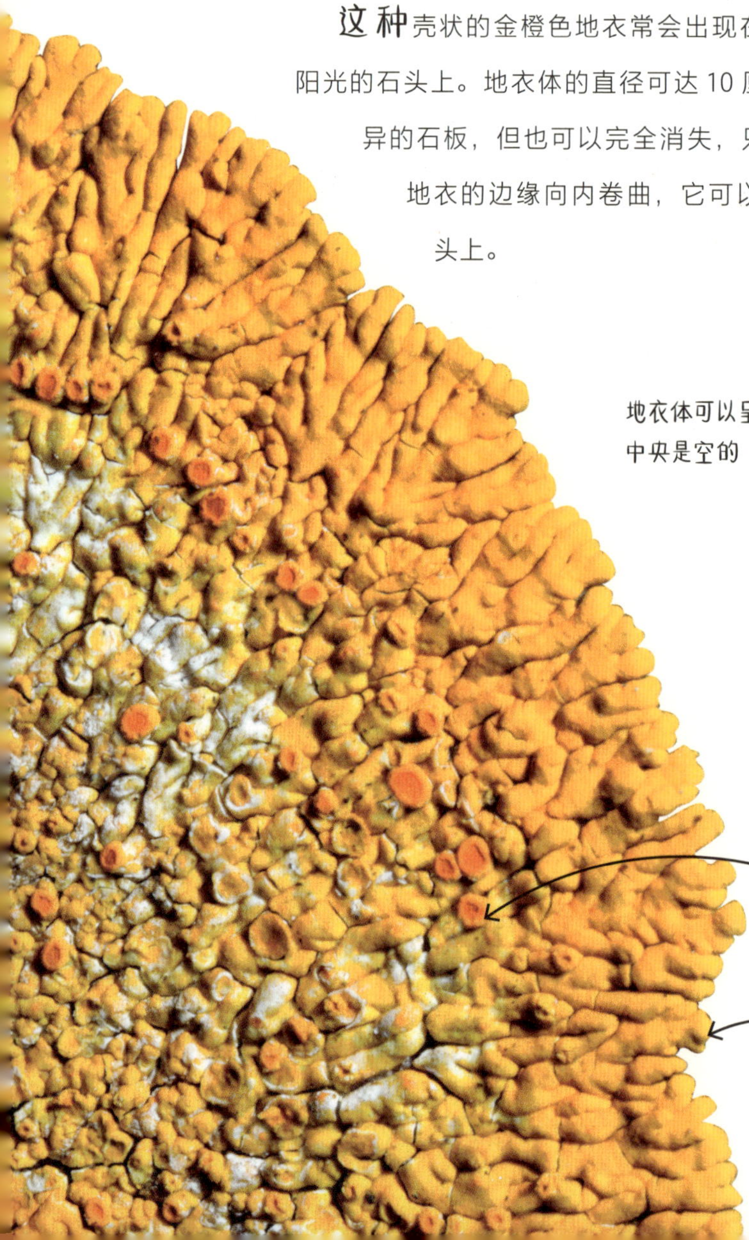

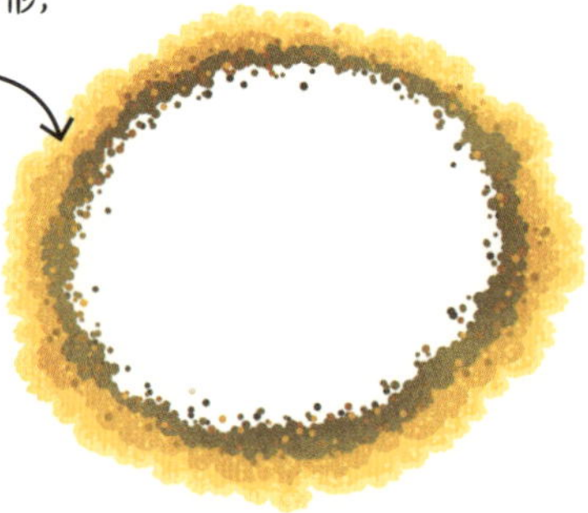

粗鳞青褶伞

Chlorophyllum rhacodes

这种伞菌拥有毛茸茸的菌盖和基部膨大的粗壮菌柄。它的菌柄上有双层菌环，能够落至底部。粗鳞青褶伞是一种擅长分解的真菌，花园、公园和林地都有它的踪迹。它属于青褶伞属，chlorophyllum 的意思是“青绿色的菌褶”，不过它的菌褶是白色的。

小档案

- 菌盖直径可达 18 厘米。
- 孢子印白色或奶油色。
- 常见于夏秋两季。

红石蕊

Cladonia coccifera

这种红绿两色的地衣通常生长于多风的石楠荒原或沙质土壤中，有时也生长在木头上。它广泛分布于北美洲、南美洲、欧洲和亚洲。地衣体初期是扁平的，呈鳞片状，底部呈黄色、橙色或褐色。它直立的果柄有时会形成高脚杯似的形状，顶部是红色的，那是产生孢子的地方。

有些果柄呈高脚杯状，所以也有人称它为“红精灵杯地衣”

地衣体的顶部呈鲜艳的红色

果柄是中空的，呈黄绿色

阿切尔笼头菌

Clathrus archeri

这种奇特真菌的子实体看起来更像动物。它原产于非洲南部、澳大利亚和新西兰，但欧洲和北美洲沿岸地区也已出现了它的踪迹。它分解树叶和木屑，进而入侵森林。和其他鬼笔类真菌一样，它也会散发吸引苍蝇的可怕臭气。

小档案

- 也称"恶魔手指"。
- "触须"全长可达 20 厘米。
- 孢子印橄榄褐色。
- 常见于夏季至初秋。

"触须"上黏稠、发臭、黑乎乎的东西是它的孢子

子实体通常有4~6条"触须"，偶有样本可多达8条

菌盖最初是卵形的，随着时间推移会变成钟形

这种真菌会在枯木上长满橙色菌丝，形似一层绒毯，所以它也被称为“火毯鬼伞”

家园小鬼伞

Coprinellus domesticus

如果你看到枯木上冒出了毛茸茸的橙色“胡须”，那么这可能是个信号——家园小鬼伞就要长出来，或刚刚消失了！它是一种分解真菌，有时会出现在屋子里的潮湿处。其拉丁学名第二个词便由此而来：domesticus的意思就是“家”或“房子”。

墨汁拟鬼伞

Coprinopsis atramentaria

这种蘑菇通常丛生于树桩旁边或埋于草下的木头上。它会分解自己栖身的枯木。随着生长，它甚至能拱起铺路的石板或沥青人行道。菌盖溶解时，孢子脱落，流下漆黑如墨的液体。其拉丁学名中的 atramentaria 由拉丁语而来，意思是“黑色物质”。

小档案

- 菌盖直径可达 7 厘米。
- 孢子印黑色。
- 常见于仲夏至秋季。

东亚冬菇

Flammulina filiformis

它就是人们常说的金针菇。在中国和亚洲其他地区，人们种植这种蘑菇的历史已有数百年，它经常和其他食用菌一起出现在超市货架上。它生长于黑暗中的木屑罐里，看起来与野生菌菇大不相同。在欧洲和北美洲，东亚冬菇最常见的亲戚是毛柄冬菇。

毛柄冬菇

Flammulina velutipes

冬菇属中有十多种不同的真菌，世界各地都有分布。毛柄冬菇生长在腐烂的树枝和树桩上。其拉丁学名中 flammulina 的意思是“小火焰”，因为野生个体的菌盖呈火红色。这种蘑菇的子实体在冬天成熟，菌柄上覆盖着柔软的绒毛，所以也有人叫它“毛腿冬菇”。

小档案

- 菌盖直径 2 ~ 10 厘米。
- 孢子印白色。
- 子实体丛生，生长于冬季。

白蜡树膜盘菌

Hymenoscyphus fraxineus

夏天，这种子囊菌在地面枯叶的叶柄上产生孢子，孢子又随风沾染到健康的白蜡树树叶上。真菌侵入树叶，进而感染树枝，使之枯死。几年后，整棵白蜡树都会死掉。这种真菌在 20 世纪 90 年代初首次侵入欧洲，至今已造成数百万棵白蜡树枯亡。

小档案

- 菌盖直径可达 3 毫米。
- 在欧洲极为普遍。
- 常见于夏季至初秋。

香菇

Lentinula edodes

香菇原产于亚洲，分解阔叶树的枯枝和树干以获取养分。香菇是非常受欢迎的食用菌，在亚洲的种植历史已有数百年之久。世界上其他地方现在也会种植、食用香菇，它是超市货架上的常客。

冠状环柄菇

Lepiota cristata

这种真菌的子实体往往“未见其形，先闻其味”，因为它具有强烈的、令人作呕的臭味。像许多环柄菇一样，它也有毒。冠状环柄菇成群地生长在林地中，也会出现在潮湿、阴凉的花坛里，从死去的植物获得养分。

小档案

- 也叫“臭环柄菇”。
- 菌盖直径可达 6 厘米。
- 孢子印白色。
- 常见于仲夏至初秋。

黄色白鬼伞

Leucocoprinus birnbaumii

这种柠檬黄色的小蘑菇很漂亮。它们常见于热带地区，也会出现在寒冷地区的温室里，常常成群地从花盆里冒出来，因此又称“花盆鬼伞”。黄色白鬼伞可能是随着植物贸易走遍世界的。

小档案

- 也被称为“珊瑚斑菌”。
- 直径可达 4 毫米。
- 孢子印白色。
- 常见于夏秋两季。

朱红丛赤壳

Nectria cinnabarina

在山毛榉、槭树和其他阔叶树的枯枝上，有时会出现珊瑚色的美丽斑点，这些就是朱红丛赤壳的瘤状子实体。这种真菌会杀死脆弱的枝条，汲取枯木的营养。朱红丛赤壳有珊瑚色的子囊壳，里面充满了孢子。子实体呈瘤状，红褐色，看起来有点儿像覆盆子。它拉丁学名中的 cinnabarina 来自一种叫朱砂的矿石，其颜色与这种真菌相似。

膜地卷

Peltigera membranacea

在欧洲、北美洲、亚洲的温暖地区和寒冷地区，这种地衣都非常常见，生长于地上、岩石土层、树干上、苔藓中。它由子囊菌与念珠藻共生形成，底部有尖牙状的结构，使其能够紧紧地附着在它生长的任何物体上。

克莱因水玉霉

Pilobolus kleinii

牛粪堆上也能长出东西，这可真叫人惊讶！克莱因水玉霉就是这样一种真菌，生长在臭烘烘的牛粪上，依赖其中的养分生存。这种真菌产生微小的孢子囊，并以高速将其从牛粪弹射向草地。另一头牛溜达过来吃草，孢子便开始下一程的旅途，随新鲜牛粪落到另一片草地上。

小档案

- 也被称为“奶帽子真菌”。
- 孢囊梗长度可达 5 毫米。
- 孢子囊中有多达 9 万个孢子。
- 孢子囊有趋光性。

淡红侧耳

Pleurotus djamor

这种漂亮的红蘑菇生长在墨西哥、巴西、马来西亚等温暖的地区。当地市场和非产地超市都有它的身影。中国人常叫它“红平菇”。在自然界中，其牡蛎状的子实体丛生于竹子上，以及棕榈、橡胶和其他种类的树上。人工培育时，可以用锯末、稻草和咖啡渣为它提供养分。

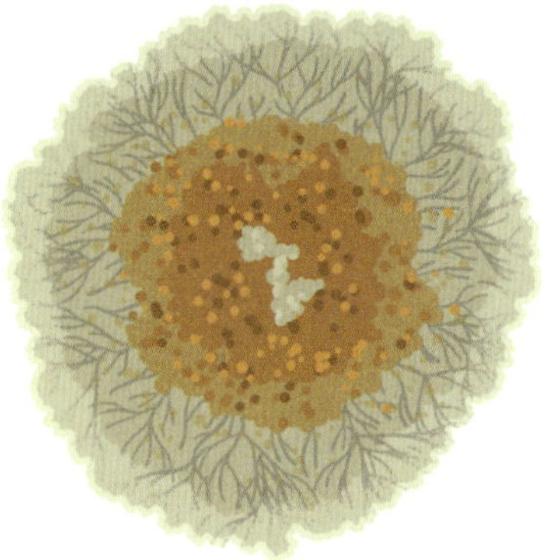

这种地衣的形状有点儿像圆花饰，因为它是从中心向外生长的

石墙原类梅

Protoparmeliopsis muralis

这种地衣遍布世界各地，岩石、混凝土、墓碑、树皮上都有它们的身影。它们尤其偏爱鸟类的栖息地，因为鸟类的粪便中有它们赖以生存的养分。这种地衣的蜡质壳层呈淡青白色，看起来有点儿像口香糖，其别称“口香糖地衣”便由此而来。它拉丁学名中的 muralis 来自拉丁语，意思是“壁画”。

地衣体呈黄色至浅褐色的圆盘状

这种地衣由微小的裂片构成，靠近边缘的裂片更大

黑孢块菌

Tuber melanosporum

它就是黑松露。这种真菌就像深埋在地下的宝藏。它生长于地下，是一种价格昂贵的食用菌，能为奶酪、意大利面和其他菜肴增添风味。黑孢块菌与橡树树根共生，在欧洲南部比较常见。它的子实体散发出浓郁的香味，吸引松鼠和其他野生动物。动物们把黑孢块菌挖出来吃掉，之后排出粪便，真菌孢子便得以传播各处。

小档案

- 直径可达 10 厘米。
- 必须与树共生，否则不能生长。
- 夏末至冬季成熟于地下。

圆粉松萝

Usnea wasmuthii

看到这些漂亮的地衣挂在树枝上，就知道环境未受污染，因为它只有在清洁的空气中才能茂盛生长。它的样子像是蓬乱的毛发，呈丝状缠绕成团。松萝属地衣作为药物已有数千年之久的历史，因为它们能够杀灭某些类型的致病细菌。

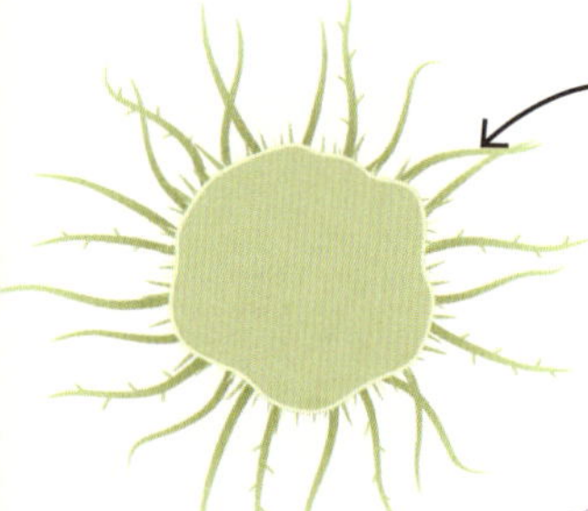

石黄衣

Xanthoria parietina

这是一种叶状地衣，由子囊菌和橘色藻共生形成。其中央橙色的“小杯子”就是共生真菌的子实体。靠近海岸的岩石上，内陆的墙壁、屋顶瓦片、树皮上，都有这种地衣出现。石黄衣产生的色素可以用来给羊毛和棉花染色。

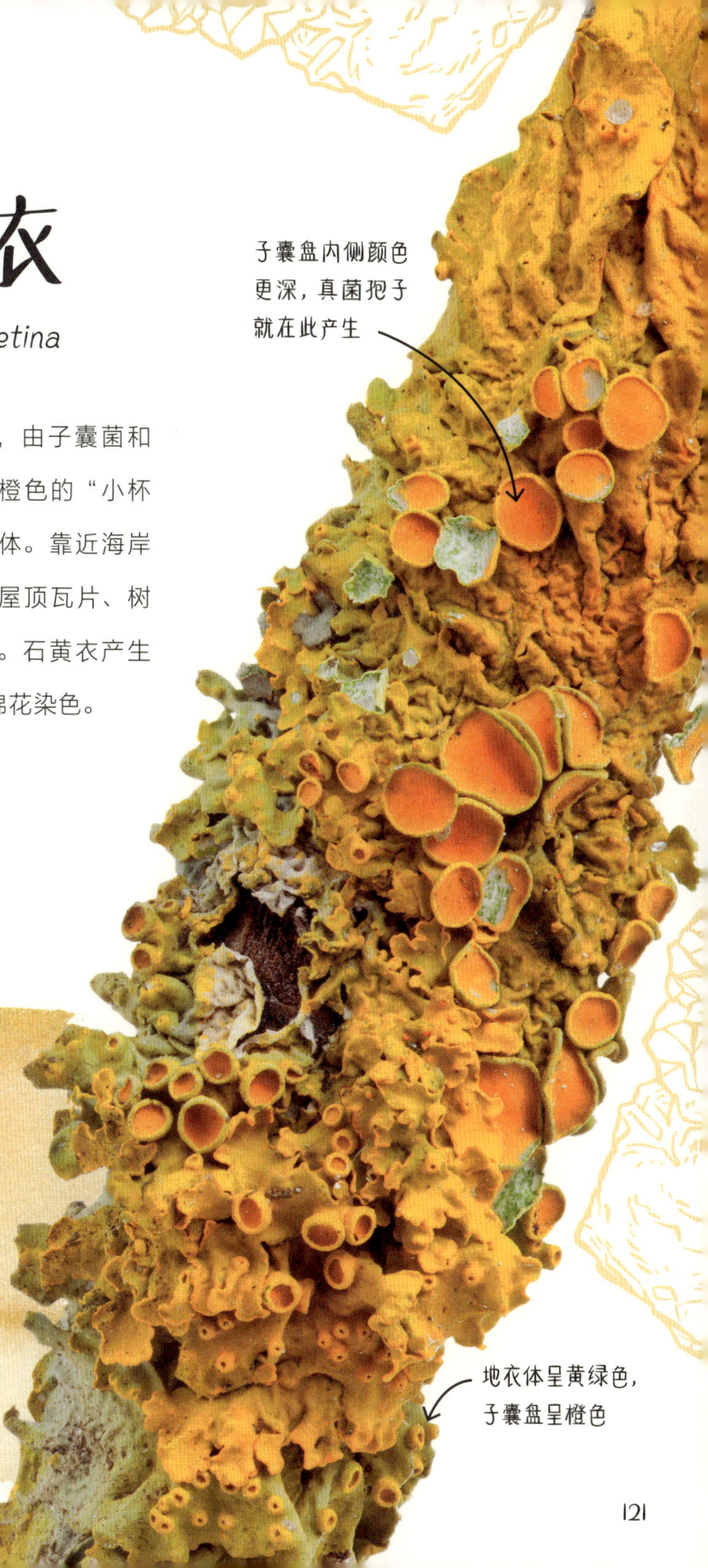

小档案

- 直径可达 10 厘米。
- 阴凉处的裂片会变成灰色。
- 青睐鸟类栖息地，因为鸟类粪便中的氮有助于它的生长。

真菌与变化的环境

子实体期改变

有些真菌的子实体通常在春季而不是秋季成熟，但现在，有些原本只在秋季成熟的真菌也在春季萌出了子实体。这可能是因为它们的菌丝现在也能在冬季汲取养分。

长柄马勃（*Lycoperdon excipuliforme*）的成熟期始于早秋，终于晚秋

地球的气候正在变化。温度不断升高，有的地方雨水增多，有的地方则减少，或降雨时间发生了改变。干旱、洪涝、风暴也越来越多。这些变化正以不同形式影响着真菌。

木腐菌簇生垂幕菇的子实体期包括夏秋两季

子实体期更长

在一些地区，子实体期比 40 年前长了一倍。在一年之中，较早萌出子实体的往往是肉质的木腐菌。现在，子实体期结束较晚的是与阔叶树树根共生的真菌，可能是因为树木的生长期更长，能为真菌提供糖的时间也更长。

持续记录

多年来，欧洲的民间科学家记录了发现真菌子实体的时间和地点。查看这些记录，我们会发现在过去 40 年里，真菌的生存状态发生了巨大的变化。

宿主树木改变

一些真菌赖以生存的树木发生了变化。比如曾经偏爱接骨木的厚质木耳现在多生长于山毛榉和其他树木上。

词语表

孢子 本书中指由真菌产生的能够发育为菌丝的细胞。

孢子印 由真菌孢子在平面上，比如纸面上形成的印迹，能够显示孢子的颜色和菌褶的排列方式，有助于识别真菌种类。

病毒 能侵入细胞引发病害的非细胞结构的感染性颗粒。病毒可感染不同类型的生物体，包括植物、动物和真菌。

病原体 能引起动物或植物病害的非细胞结构的感染性颗粒；某些真菌、细菌、病毒都是病原体。

担子菌 真菌的一类，如伞菌和多孔菌，其孢子产生于子实体上的棒状细胞（担子）。

DNA 即脱氧核糖核酸，存在于所有生物细胞中的携带发育、生长和繁殖指令的物质。

分解 细菌或真菌将死物分为更简单的化合物，并释放营养物质的过程。

分子 原子按照一定的顺序和空间结合在一起的整体。

腐烂 有机物在微生物（如细菌、真菌）的作用下腐坏或分解的状态或过程。

感染 使植物、动物及其他有机体患上病害。

根 将植物固着于土壤中，支撑其地上部分，并从土壤中吸收养分和水分的植物地下部分。

寄生 生活在另一种生物（即宿主）身上或体内。

菌柄 真菌子实体的柄，通常高于地面。

菌盖 位于菌柄上端通常呈伞状的结构，下表面有菌褶、菌孔或菌刺。

菌孔 牛肝菌和多孔菌子实体上管状产孢结构的开口。

菌丝 真菌的丝状结构。

菌丝体 真菌的主体，由大量丝状细胞（菌丝）构成。

菌褶 伞菌子实体携带孢子的结构，薄而扁平，位于菌盖下表面，有时也生长于菌柄上。

块菌 某些种类的真菌位于地下的子实体。

拉丁学名 国际通用的有机体的正式名称，使用拉丁词（或拉丁化文字）构成，遵照严谨的命名系统。

裂片 本书中指真菌细薄的或突出或悬吊的部分。

卵状 鬼笔菌萌出的白色球状菌蕾，或鸟巢菌状似鸟蛋的小包。

酶 生物体的细胞产生的具有催化能力的物质，绝大多数为蛋白质。

盘菌 子实体呈杯盘状的真菌。

气候 某一地区在很长一段时间内的天气特征。

色素 使有机体具有各种不同颜色的物质。

生物发光 有机体产生并发出光的现象。种类很多，几乎每一门类都有发光种类。

丝状物 生物体内的丝状结构。作为真菌基本组成单位的丝状结构叫作菌丝。

俗称 一种有机体在当地语言中的通俗名称，用于日常生活中，通常与其拉丁学名不同。

宿主 共生植物或寄生虫附着其上或内部，并以其为食的有机体。

糖类 是一种能提供能量的物质，如淀粉和葡萄糖。

天然草地 未经人工干预、自然形成的草地生态系统。

细菌 地球上随处可见的一类微生物，遍布于食物、土壤中，甚至人体内。

檐状 子实体的一种形状，长有这种形状的真菌生长在树干或树枝上，就像层叠的架子或屋檐。

养分 能供给生物生存、生长所需营养的物质。

沼泽 水草茂密的泥泞地带。

子囊菌 真菌的一类，如酵母菌和霉菌，其孢子在子囊中产生，菌丝有隔膜。

子实体 真菌产生孢子的部位，通常生长于地面之上。我们常说的“蘑菇”就是一类真菌的子实体。

DK Penguin Random House

图书在版编目（CIP）数据

DK 奇幻静谧的真菌界 /（英）阿里·阿什比，（英）林恩·博迪著；（英）安吉拉·里扎，（英）丹尼尔·朗绘；吴华译．-- 北京：中信出版社，2025. 5.（2025.6 重印）

ISBN 978-7-5217-7479-5

Ⅰ. S646. 1-49；Q949. 32-49

中国国家版本馆 CIP 数据核字第 2025XX9007 号

Original Title: An Anthology of Fungi: A Collection of 100 Mushrooms, Toadstools and Other Fungi

DK 奇幻静谧的真菌界

著　　者：［英］阿里·阿什比　［英］林恩·博迪
绘　　者：［英］安吉拉·里扎　［英］丹尼尔·朗
译　　者：吴华
出版发行：中信出版集团股份有限公司
　　　　　（北京市朝阳区东三环北路 27 号嘉铭中心　邮编　100020）
承 印 者：北京顶佳世纪印刷有限公司

开　　本：787mm × 1092mm　1/16　　印　　张：8.5　　字　　数：213 千字
版　　次：2025 年 5 月第 1 版　　　印　　次：2025 年 6 月第 2 次印刷
京权图字：01-2025-0880
书　　号：ISBN 978-7-5217-7479-5
定　　价：78.00 元

图书策划：青少科普中心
审校专家：赵明君　　　　策划编辑：贾怡飞　高思宇
责任编辑：陈晓丹　　　　营　　销：李晓瑜　贾鸣鹤
封面设计：谢佳静　　　　内文排版：谢佳静　李艳芝

阿里·阿什比博士是一位真菌生物学家和教育家，现居英国剑桥。

林恩·博迪为英国卡迪夫大学真菌生态学教授。

The publisher would like to thank the following for their kind permission to reproduce their photographs: (Key: a-above; b-below/bottom; c-centre; f-far; l-left; r-right; t-top)
2 Dreamstime.com: Louise Roach (t). **3 Dreamstime.com:** Alexander Potapov (b). **6 Alamy Stock Photo:** DP Wildlife Fungi (bl); Minden Pictures / Ch'ien Lee (t). **7 Dreamstime.com:** Iaroslav Horbunov (cb); Tanialerro (r). **PLoS ONE:** (bl). **Shutterstock.com:** Gerry Bishop (tl). **8 Alamy Stock Photo:** fishHook Photography (cr). **naturepl.com:** Nick Upton (br). **9 Alamy Stock Photo:** adrian davies (cr). **Dreamstime.com:** Nikolai Kurzenko (tr). **Getty Images / iStock:** Matthew Pennini (br). **10 Alamy Stock Photo:** Sabena Jane Blackbird (br); Henri Koskinen (tr); David Chapman (cr). **11 Dreamstime.com:** Adrianam13 (tr); Tomasztc (cr); Wirestock (br). **12 Alamy Stock Photo:** imageBROKER.com GmbH & Co. KG / H. Jaschhof (b). **Getty Images:** Universal Images Group / VW Pics (tl). **13 Dreamstime.com:** Kozirad (tr). **Getty Images / iStock:** Luis Espin (cl). **15 Dreamstime.com:** Aleksandar Milutinovic (b). **16 Alamy Stock Photo:** Jonathan Need (b). **17 Alamy Stock Photo:** WILDLIFE GmbH (b). **Dreamstime.com:** Tanialerro (cra). **18 Dreamstime.com:** Tanialerro (tr). **Shutterstock.com:** Linda McKusick (b). **19 Shutterstock.com:** N. F. Photography (b). **20 Dreamstime.com:** Christopher Smith (l). **21 Alamy Stock Photo:** David Chapman (b). **Dreamstime.com:** Tanialerro (tr). **22 Dreamstime.com:** Jm73; Tanialerro (clb). **23 Alamy Stock Photo:** imageBROKER.com GmbH & Co. KG / Werner Meidinger; Timo Viitanen (br). **24 Alamy Stock Photo:** Minden Pictures / Benjamin Olson (l). Dreamstime.com: Whiskybottle (br). **25 Dreamstime.com:** Tanialerro (tr). **Shutterstock.com:** SimonaZorina (b). **26 Dreamstime.com:** Tanialerro (clb); Vav63. **27 Alamy Stock Photo:** FLPA (t). **29 Dreamstime.com:** Tanialerro (b). **31 Dreamstime.com:** Andrii Piatnychka (t). **32 Alamy Stock Photo:** Nature Picture Library / MYN / Marc Pihet. **Dreamstime.com:** Tanialerro (br). **33 Alamy Stock Photo:** Christine Whitehead (b). **34 Alamy Stock Photo:** DP Wildlife Fungi. **35 Depositphotos Inc:** Alexander Ozerov (b). **Dreamstime.com:** Tanialerro (cra). **36 Dreamstime.com:** Tanialerro (tr); Maxim Tatarinov (b). **37 Dreamstime.com:** Jm73 (b). **38 Shutterstock.com:** Ger Pouwels (b). **39 Alamy Stock Photo:** Frank Hecker (bc). **Dreamstime.com:** Tanialerro (bl). **40 Alamy Stock Photo:** blickwinkel / McPHOTO / LWG (br); Dark Horse (bl). **41 Dreamstime.com:** Richard Griffin (b); Tanialerro (crb). **42 Alamy Stock Photo:** imageBROKER.com GmbH & Co. KG / Christian Hütter (b). **Dreamstime.com:** Tanialerro (cra). **43 Alamy Stock Photo:** DP Wildlife Fungi (b). **44 Dreamstime.com:** Henrikhl (l). **45 Dreamstime.com:** Adrianam13 (r). **46 Alamy Stock Photo:** Sabena Jane Blackbird (b). **Dreamstime.com:** Tanialerro (bl). **47 Dreamstime.com:** Digoarpi (b). **48 Alamy Stock Photo:** imageBROKER.com GmbH & Co. KG / Farina Grassmann (b). **Dreamstime.com:** Tanialerro (cl). **49 Dreamstime.com:** Tomasztc (b). **50 Alamy Stock Photo:** Zuzana Egertova (b). **Dreamstime.com:** Tanialerro (tr). **51 Shutterstock.com:** Chris Moody (r). **52 Alamy Stock Photo:** Hemis.fr / BOUILLAND St?phane (b). **53 Dreamstime.com:** Matauw (b); Tanialerro (tr). **54 Dreamstime.com:** Empire331 (b). **55 Alamy Stock Photo:** Nature Picture Library / Alex Hyde (b). **Dreamstime.com:** Tanialerro (clb). **57 Alamy Stock Photo:** Naturepix. **58 Dreamstime.com:** Tanialerro (crb). **Getty Images / iStock:** Mantonature (bl). **59 Alamy Stock Photo:** Mircea Costina (b). **60 Getty Images / iStock:** AlbyDeTweede (bl). **61 Dreamstime.com:** Tanialerro (bl); Corina Tintila (r). **62 Dreamstime.com:** Igor Kramar (b). **63 Dreamstime.com:** Tanialerro (clb). **Shutterstock.com:** CKHatten (r). **64 Alamy Stock Photo:** O.DIGOIT (b). **65 Dreamstime.com:** Empire331 (r); Tanialerro (clb). **66 Alamy Stock Photo:** Biosphoto / Frank Deschandol & Philippe Sabine. **Dreamstime.com:** Tanialerro (br). **67 Alamy Stock Photo:** All Canada Photos / Tim Zurowski (br). **68 Dreamstime.com:** Matauw (b). **69 Dreamstime.com:** Pavel Parmenov (br); Tanialerro (tr). **70 Dreamstime.com:** Mihairomeob (b). **71 Dreamstime.com:** Lukas Jonaitis (b); Tanialerro (tr). **72 Alamy Stock Photo:** Timo Viitanen (tl). **73 Dreamstime.com:** Dachux21 (b). **74 Dreamstime.com:** Tanialerro (br). **naturepl.com:** Guy Edwardes (l). **75 Dreamstime.com:** Adrianam13 (b). **76 Alamy Stock Photo:** blickwinkel / Schulz (b). **78 Dreamstime.com:** Tanialerro (tr). **Getty Images / iStock:** Aleksander Tumko (b). **79 Dreamstime.com:** Steve Allen (tr). **80 Alamy Stock Photo:** Gillian Pullinger (l). **81 Alamy Stock Photo:** Arpad Radoczy (b). **Dreamstime.com:** Tanialerro (tr). **82 Alamy Stock Photo:** Tony Watson (l). **Dreamstime.com:** Tanialerro (crb). **83 Alamy Stock Photo:** steven gillis hd9 imaging (r). **84 Alamy Stock Photo:** adrian davies (l). **85 Dreamstime.com:** Akepong Srichaichana (b); Tanialerro (clb). **86 Dreamstime.com:** Fotografiecor (l); Tanialerro (crb). **87 Dreamstime.com:** Svasylyshyn (b). **88 Dreamstime.com:** Tanialerro (tr). **naturepl.com:** Robert Thompson (b). **89 Alamy Stock Photo:** blickwinkel / C. Stenner (b). **90 Alamy Stock Photo:** Nature Picture Library / Jurgen Freund (l). **91 Alamy Stock Photo:** Mark Collinson (b). **Dreamstime.com:** Tanialerro (tr). **92 Alamy Stock Photo:** Panther Media GmbH / Joachim Opelka (b). **Dreamstime.com:** Tanialerro (tl). **93 Dreamstime.com:** Flaviano Fabrizi (b). **94 Alamy Stock Photo:** Nature Picture Library / Doug Wechsler (l). **94-95 Shutterstock.com:** Rezamonium (bc). **95 Dreamstime.com:** Tanialerro (ca). **Getty Images / iStock:** MediaProduction (ca/caterpillar). **96 Alamy Stock Photo:** Nigel Cattlin (bl). **Getty Images / iStock:** Whiteway (tl). **97 Alamy Stock Photo:** Tim Gainey (tl); HHelene (tr). **Science Photo Library:** GEOFF KIDD (br). **99 Alamy Stock Photo:** Zoonar GmbH / Tarabalu (b). **100 Alamy Stock Photo:** Igor Kramar (t). **101 Dreamstime.com:** Floriankittemann (r). **102 Alamy Stock Photo:** Peter Martin Rhind (l). **103 Alamy Stock Photo:** blickwinkel / F. Hecker (bl). **Dreamstime.com:** Tanialerro (br). **104 Getty Images:** Moment Open / Federica Grassi (b). **105 Dreamstime.com:** Tanialerro (cra). **Shutterstock.com:** Gertjan Hooijer (b). **106 Alamy Stock Photo:** David Pike (l). **107 Dreamstime.com:** Empire331 (b); Tanialerro (cr). **108 Shutterstock.com:** masa44 (l). **109 Dreamstime.com:** Tanialerro (bl). **Shutterstock.com:** epioxi (r). **110 Dreamstime.com:** Tanialerro (bl). **naturepl.com:** Will Watson. **111 Alamy Stock Photo:** Nigel Cattlin (b). **112 Alamy Stock Photo:** Nature Photographers Ltd / PAUL R. STERRY (b). **Dreamstime.com:** Tanialerro (tr). **113 Alamy Stock Photo:** John Quixley - Australia (r). **114 Alamy Stock Photo:** Hakan Soderholm (b). **Dreamstime.com:** Tanialerro (tl). **115 naturepl.com:** Robert Thompson (r). **116 Dreamstime.com:** Tanialerro (crb). **Science Photo Library:** WIM VAN EGMOND. **117 Shutterstock.com:** Ian Peter Morton (b). **118 Alamy Stock Photo:** Frank Hecker (b). **119 Dreamstime.com:** Luca Manieri (t); Tanialerro (br). **120 Dreamstime.com:** Tt (l). **121 Alamy Stock Photo:** Shawn Hempel (r). **Dreamstime.com:** Tanialerro (bl). **122 Alamy Stock Photo:** waso (cl); Christine Whitehead (br). **123 Dreamstime.com:** Onairjiw / Sataporn Jiwjalaen (tl); Tanialerro (t); Sandra Standbridge (b)

Cover images: *Front:* **Dreamstime.com:** Alexander Potapov b, cb; *Back:* **Dreamstime.com:** Empire331 ca, Andrii Piatnychka cla; **Shutterstock.com:** N. F. Photography cra

All other images © Dorling Kindersley Limited